Heike Maria Krzemien

... und was ist, wenn mein Tier doch recht hat?

Dieses Buch widme ich

allen Seelen, die sich dazu bereit erklärt haben, uns als Helfer und Führer hier in diesem Leben zur Seite zu stehen – und insbesondere meinen Helfern aus der Geistigen Welt. Ich widme dieses Buch Kayo, meinem Hund. Er begleitete mich, als treuer Freund und Lehrer, elf Jahre und acht Monate. Er ging am 1.1.11 ins Licht. Er beschützte mich körperlich wie energetisch und brachte mich auf meinen Weg. Er ist maßgeblich an diesem Buch beteiligt und beschloss noch vor Beendigung und Druck des Buches, unser beider Transformation einzuleiten. Auch heute steht er mir immer noch mit Rat und Tat zur Seite. Er unterstützt mich weiterhin bei meinen Seminaren. Viele Menschen, die ihn kannten, berichten immer wieder, dass er ihnen im Traum, im Geist und in Meditationen hilft.

Kayo, in tiefster Verbundenheit danke ich dir dafür!

Und ich möchte jetzt schon Lina danken, meinem Pferd, das sich dazu bereit erklärt hat, meine nächsten Schritte in ein anderes Bewusstsein zu führen und zu lenken. Lina kam „überraschend" im Februar 2011 zu mir. Sie führt ihre Aufgabe bereits gewissenhaft aus. Sie hat mich am 10. September 2011 wortwörtlich in die Erkenntnis getreten, nun endlich meine gesamte Aufmerksamkeit auf die Tierwelt zu lenken.

Vielen Dank, Lina!

Ja, und dann danke ich meiner langjährigen Freundin Ulrike, die mir in einer schwierigen Zeit den Raum und die Möglichkeit gab, weiter an diesem Buch zu schreiben.

Meinem letzten Lebensabschnittsgefährten möchte ich an dieser Stelle auch danken, denn ohne ihn wäre vieles nicht möglich gewesen. Er war zu guter Letzt der Anstoß, der mich dieses Buch nun endlich fertigstellen ließ.

Auf eines möchte ich noch hinweisen. Die Heilmethoden, die ich anwende, funktionieren in Verbindung mit der Geistigen Welt. Sie stellt die Energie zur Verfügung.

ICH BIN der Kanal. Heilen kann sich jeder nur selber. Ich sehe mich als Vermittlerin zwischen Seele, Geist, Körper und Zeit.

Auch hier nochmals ein dickes Dankeschön an all unsere geistigen Helfer und an mein „Team".

Heike Maria Krzemien

Und was ist ... wenn mein Tier doch recht hat?

Ibera

1. Auflage

Und was ist … wenn mein Tier doch recht hat? /
Heike Maria Krzemien
ISBN 978-3-85052-326-4

Herstellung:

www.ibera.at

INHALT

HEIKE MARIA KRZEMIEN

geb. 20. 04. 1970

Mein beruflicher Werdegang: 1986 Ausbildung zur Arzthelferin, dann Ausbildungen zur Fitnesstrainerin B-Lizenz, Sportrehabilitationstrainerin, Rückenschultrainerin, Practitioner der Originalen Bowen-Technik. Später Practitioner für die Zen-Gymnastik der Shaolin-Mönche.

Als ich 2006 meine spirituelle Seite entdecken durfte, änderte sich mein Leben von heute auf morgen. Ich nahm an mehreren energetischen Ausbildungen teil und bin seitdem begeistert über die Möglichkeiten, die sich jedem von uns bieten. Ich kam schlussendlich dazu, mich als ganzheitliche Heilerin mit der Seele der Tiere und der Menschen zu befassen.

Um den körperlichen Aspekt der Tiere nicht zu vergessen, schloss ich 2010 zusätzlich noch eine Ausbildung zur Tierheilbehandlerin ab.

Die Zeit, in der wir leben dürfen, ist eine sehr spannende und faszinierende. Sie zeigt uns intensiv unsere eigenen Themen auf, die es noch zu lösen gilt. Hierzu bedienen wir uns der „richtigen“ Partner und Tiere, die genau zur „richtigen“ Zeit an unserer Seite sind. Reichen diese Gegebenheiten nicht aus, zeigen uns jedes Symptom und jede Krankheit an, dass etwas in unserem Leben noch immer nicht stimmt. Auch ein Unfall passiert dann, wenn es der Seele oder dem Seelenverbund dienlich ist.

Als ich das alles für mich, durch eigene Erfahrungen, erkennen durfte, wusste ich, wie wichtig es ist, Erkenntnisse zu vermitteln und Menschen und Tieren mit meinen medialen Fähigkeiten und ganzheitlichen Heilweisen für Körper, Geist und Seele zur Verfügung zu stehen.

VORWORT VON PETRA NEUMAYER

Ich freue mich ganz besonders über das Buch von Heike Maria, da mir die Tierwelt zeit meines Lebens sehr am Herzen liegt. Und umso mehr freut es mich, dass sich in den letzten Jahren und Jahrzehnten immer mehr Menschen über das Wohlergehen der Tiere Gedanken machen. Als „Medizin zum Aufmalen III: Neue Homöopathie für Tiere“ (von Petra Neumayer und Roswitha Stark) erschien, erhielten wir Autorinnen enorm viel emotionales Feedback von den Lesern. Wir waren überrascht und überwältigt. Und inzwischen hat die Alternativmedizin tatsächlich auch Einzug in die gesamte Tierwelt gehalten! Landwirte und Tierärzte geben immer häufiger Globuli statt Antibiotika, und ständig neue Fleischskandale lassen den Ruf nach einer humanen, biologischen Tierhaltung immer lauter werden. In einem Interview, das ich im Jahr 2008 mit dem Gründer vom Gut Aiderblichl, Michael Aufhauser, führen durfte, sagte er: „Das Wort Tierschutz sagt eigentlich alles aus. Wir schützen die Tiere nicht vor einem Erdbeben, nicht vor einem Tsunami, wir schützen sie vor uns Menschen. Da müssen wir etwas ändern. Damit wir in der Lage sind, einen Schutz zu kreieren für hilflose, stimmlose Lebewesen. Und wir haben erst etwas geändert, wenn wir uns geändert haben.“

Verändern können wir nur etwas durch Bewusstwerdung. Und so sagt der Titel dieses Buches eigentlich schon alles aus: „Und was ist, wenn mein Tier doch recht hat …?“ Denn genau an diesem Punkt setzt die Tierkommunikation an, und die vielen Beispiele in diesem Buch zeigen deutlich auf, was Heike Maria Krzemien vermitteln möchte: Häufig bestehen spirituelle Aspekte zwischen Tier und Halter, und wer Licht in diese Beziehungen bringt, hilft nicht nur seinem Tier, sondern auch sich selbst!

In diesem Sinne bitte ich Sie, beim Lesen Ihr Herz zu öffnen – dann kann sich das Licht der Selbstreflexion in heilenden Segen für Sie und Ihr Tier wandeln.

Petra Neumayer, im April 2013

www.skripthaus.com
www.heilzeichen-shop.com

EINLEITUNG

Tiere vereinen Menschen und schaffen Verbindungen zu ALLEM-WAS-IST.
Leider vernachlässigen wir unsere Tiere immer mehr. Es ist an der Zeit, ihnen wieder mehr Beachtung und Aufmerksamkeit zu schenken, denn sie sind geistige Helfer, Botschafter, Krafttiere, spirituelle Lehrer und vieles mehr.
Kurzum, sie sind für uns Menschen Wegbereiter in ein neues Bewusstsein.

Wir Seelen sind frei, wir können in jeden Körper inkarnieren, der uns dabei hilft, die Erfahrungen zu sammeln, die wir gerne machen möchten. Somit kann eine Seele auch im Körper eines Tieres einem Menschen zur Seite stehen. Jetzt kann jeder für sich Erfahrungen sammeln – oder auch gemeinsam.

Die Tiere, die uns sehr nahe sind, sind vor allem Hunde, Katzen und Pferde. Sie sind oftmals Spiegelbilder unserer Seele und zeigen durch Krankheiten oder Verhaltensauffälligkeiten, dass etwas in ihrer/unserer Umgebung nicht stimmt. Das können unsere Familienstreitereien sein, unser fehlendes Selbstbewusstsein, die fehlende Liebe zu uns selbst, Ärger Hass, Wut usw.

So besteht bei fehlender Gesundheit die Kunst darin, herauszufinden, ob dies ein Thema des Tieres, des Tierhalters oder beider Thema ist.

Da kann uns die geistige Kommunikation mit den Tieren eine wertvolle Hilfe sein. Denn oftmals reicht es aus, die Botschaft des Tieres für seinen Halter mitzuteilen, und schon können beide in die Gesundung gehen. Auch nicht mehr benötigte energetische Verbindungen aus „vergangenen Leben“ zwischen Mensch und Tier können Beschwerden psychischer und physischer Art auslösen. Die Zeitqualität ab 2012 fördert es, auch diese in die Auflösung zu bringen. Somit leben wir derzeit in einer sehr spannenden Zeit, wo uns die Tiere als wahre Helfer zur Seite stehen.

Wohl demjenigen, der die Botschaften der Tiere erkennt!

So kommen die Tiere auch in unser Leben, um uns darauf aufmerksam zu machen, dass die Zeit für ein neues Bewusstsein gekommen ist. Sie lehren uns, wieder unsere Göttlichkeit zu leben. Die Göttlichkeit, und somit die BEDINGUNGSLOSE LIEBE, beinhaltet Attribute wie Eigenliebe, Vergebung, Freude, Freiheit, Flexibilität, Feinfühligkeit, Leichtigkeit, Gemeinschaft, Loyalität, Familiensinn und noch vieles mehr. Diese Qualitäten bringen sie nicht nur in ihrem Energiefeld mit, sie lehren uns diese auch durch ihr Verhalten.

Dieses Buch habe ich bewusst einfach geschrieben, so dass alles, was mir auf meinem Weg geholfen hat, leicht zu verstehen ist. Ich habe nur wenige Bücher über Bewusstwerdung und Tierkommunikation gelesen. Mitunter waren sie für mich zur damaligen Zeit schwer bis gar nicht zu verstehen. So viele „Fremdwörter" für eigentlich ein und dasselbe. So viele komplizierte Beschreibungen für das eine „ALLES-WAS-IST".

Alle Feinsinne sind in uns veranlagt und jeder kann sie wieder „entdecken".

Vielleicht sogar mit Hilfe meiner Kurzbiografie, die auf wahren Begebenheiten beruht! Doch zuerst einmal möchte ich euch kurz erzählen, wie ich denn eigentlich zu den Tieren gekommen bin.

Wenn ich als Kind gefragt wurde, was ich denn später einmal werden oder machen wollte, antwortete ich schon immer: „Mit den Tieren im Wald leben!"

Als es dann darum ging, einen Beruf zu erlernen, schwankte ich zwischen Tierpflegerin und Tierarzthelferin. Als ich 14 Jahre alt war, begann ich ein Praktikum beim Tierarzt. Das gefiel mir ganz gut, bis zu dem Tag, als ein Hund eingeschläfert werden musste. Da konnte ich nicht dabei sein. Also fing ich mit 16 Jahren eine Lehre zur Arzthelferin an. Menschen gegenüber war ich doch weniger sensibel eingestellt. Mit ihnen konnte man reden und ihnen Situationen erklären und schließlich war auch ein jeder für sich selbst verantwortlich. Ja, mit dem konnte ich gut leben. Und so war mein Weg zu den Tieren für die nächsten 13 Jahre erst mal auf Eis gelegt. Bis zu dem Tag, an dem sich mein langgehegter Wunsch erfüllen sollte. Er kam in Gestalt eines schwarz-braunen Dobermann-Doggen-Welpen zu mir.

Juni 1999

Mein damaliger Lebensgefährte und ich waren auf Urlaub in der Türkei. Beide hatten wir kurz zuvor unser Haus mit Garten bezogen und überlegten, uns einen Hund zuzulegen, wenn wir wieder zu Hause wären. Am Strand liegend diskutierten wir die einzelnen Hunderassen durch. Wir kamen auf keinen gemeinsamen Nenner. Plötzlich lief ein Dobermann an uns vorbei, der mit seinem „Herrchen" verstecken spielte. Wir sahen uns gegenseitig an und waren uns einig: Es sollte ein Dobermann werden. Zu Hause würden wir uns ein Buch über Dobermänner kaufen und uns schlau machen, ob es der richtige Hund für uns wäre. Doch dazu sollte es gar nicht kommen. Als wir am Abend im benachbarten Hotel den Fitnessraum nutzten, war dort auch ein Mann mit einer schweren Goldkette um den Hals. Mein damaliger Freund interessierte sich für die Kette, ich für den Anhänger. Es war ein Hund. Ich fragte, was denn das für ein Hund sei. Er sagte, ein Dobermann. Ach nein, dachte ich, was für ein Zufall! Er sagte, es sei sein Hund, und wir erzählten ihm, dass wir uns, wenn wieder zu Hause wären, auch einen Dobermann kaufen würden.

Daraufhin sagte er, Dobermänner wären viel zu teuer in Deutschland, und er habe einen Freund, der Tierarzt in Antalya sei und der

„zufällig“ (Zufälle gibt es ja nicht, etwas fällt einem zu!) einen Wurf mit Dobermannwelpen habe, den wir uns ansehen könnten. Noch bevor wir ihm antworten konnten, telefonierte der gute Mann schon mit dem Tierarzt.

Am nächsten Tag fanden wir uns bei seinem Freund in Antalya wieder! Er wollte uns den kräftigsten Welpen aus dem Wurf zeigen. Unser Gedanke war wirklich: „Nur anschauen!“

Vergesst es ganz schnell, irgendwo hinzufahren, um einen Welpen „nur anzusehen“. So flogen wir zwei Tage später zu dritt nach Hause. Was für ein Glück für mich! Ja, so kam Kayo in mein Leben.

Kayo sollte mich wieder auf meinen Weg bringen. Meine Zeit mit ihm ist unvergesslich. Er brachte mich immer zum Lachen. Er munterte jeden durch seine Tollpatschigkeit auf und war genauso verschmust, wie er groß war. Kayo wog 54 kg und hatte eine Schulterhöhe von 76 cm. Er verhielt sich nicht wie ein normaler Hund. Er saß mit seinem Hintern meist auf einem kleinen Stuhl, auf der Couch oder auf irgendeiner anderen Erhöhung – wie ein Mensch.

Er hörte aufmerksam zu, wenn man ihm etwas erzählte, und er interessierte sich auch nicht für andere Hunde. Er holte keine Stöckchen, warum auch? Wenn Frauchen etwas wegwirft, wird es schon seinen Grund haben, und wenn sie es wieder haben will, kann sie es holen, funktioniert auch mit nur zwei Beinen. Er war sehr praktisch veranlagt. Wenn andere Hunde mit ihm spielen wollten, ließ er diese laufen und „schlug" dann zu, wenn sie auf seiner Höhe waren.

Sein größtes Problem war, immer und überall dabei sein zu wollen. Das war nicht einfach mit einer so imposanten Erscheinung.

Kayo hatte keine größeren gesundheitlichen Probleme bis 2007. Ich merkte, dass etwas nicht stimmte. Er war unruhig und schlief auch nicht mehr durchgehend bei mir im Bett. Ich bat ihm, mir zu sagen, was ihm fehlte. Da hüpfte er auf die Couch, legte sich auf den Rücken und machte sozusagen die Beine breit. Da sah ich es. Ein großer, entzündeter Hoden. Ich rief gleich beim Tierarzt an.

Dieser hatte den Verdacht auf Hodentumor. Ich fiel aus allen Wolken. Es gab nur eine Möglichkeit. Kayo musste kastriert werden. Ich war sehr traurig. So lange hatte ich ihm seine Männlichkeit erhalten können und jetzt, mit acht Jahren, kam er doch noch unter das Messer. Ich hatte Angst um ihn, denn man geht ja immer vom Schlimmsten aus. Aus heutiger Sicht weiß ich, dass alle Reaktionen im Körper ihren „bio-logischen" Sinn haben und nicht dazu da sind, dem Körper zu schaden.

In dem Kapitel „Das Thema Krebs bei Mensch und Tier" gehe ich näher darauf ein.

Da ich keine Wahl hatte, vereinbarten wir also für Dienstag, den 20. März 2007, einen OP-Termin.

Zuvor mussten aber noch einige Vorbereitungen getroffen werden. Nach der Blutentnahme für die OP wollte die Tierärztin noch Urin von Kayo und drückte mir ein Röhrchen in die Hand. Ich schaute sie an und fragte sie, wie ich denn da Urin von Kayo hineinbringen sollte? Sie schmunzelte, griff in eine Schublade und holte eine Blechkelle heraus. „Damit", meinte sie. Da stand ich nun mit meinem Röhrchen und der Blechkelle. Ich grinste und fragte: „Morgenurin und Mittelstrahl?" – „Nein, das muss nicht sein." Ich sollte mich gleich daran machen, damit sie die Probe heute noch ins Labor schicken könne.

Na gut, da stand ich nun auf dem Bahnhofsparkplatz gleich um die Ecke. Die ersten zehn Minuten lief ich Kayo erfolglos mit der Kelle hinterher. Sobald mir Leute entgegenkamen, versteckte ich die Kelle hinter meinem Rücken.

Ich bat meine Engelchen um Hilfe, die waren aber so amüsiert darüber und bogen sich vor Lachen, dass von Ihnen vorerst keine Hilfe zu erwarten war.

Ich nahm Kayo an die Leine und animierte ihn zum Pieseln. Fragt bitte nicht, wie. Ich hatte jedoch keinen Erfolg damit. Rüden markieren nur kurz. Zu kurz, um herauszufinden, in welche Richtung der Strahl gehen würde. Ich war der Verzweiflung nahe. Tröpfchen für Tröpfchen versuchte ich nun das Röhrchen zu füllen. Nach ca. 45 Minuten. fehlte nur noch ganz wenig. Da hatten die Engel anscheinend ein Einsehen. Ich hielt die Kelle so glücklich, dass er diese voll machte. Toll – so viel brauchte ich gar nicht und schüttete den Rest mit einem tränenden Auge weg. Hätte das nicht gleich so gehen können? Glücklich fand ich mich nun, mit einem vollen Urinröhrchen meines Hundes in der Hand, wieder bei der Tierärztin ein.

Ein paar Tage vergingen. Dann war es so weit. Bevor ich Kayo zur Operation brachte, bekam er noch einen Engelsanhänger ans Halsband, der ihn beschützen sollte.

Ich betete für ihn und war in dieser Zeit nicht zu gebrauchen. Die OP verlief gut und ich war überglücklich.

Kurze Zeit darauf stellten sich aber starke Hautprobleme bei Kayo ein, welche die nächsten drei Monate anhalten sollten. Kayo hatte sogenannte Hotspots (offene blutende Stellen). Ich bekam vom Tierarzt immer wieder Antibiotika und Cortisonpräparate. Sie halfen nicht wirklich.

Von allen Seiten bekam ich auch Tipps zu naturheilkundlichen Methoden. Die Tipps wichen leider sehr stark voneinander ab. So empfahl mir jemand bestimmte Globuli, von denen mir jemand anders aber wieder abriet. Ja und wenn die Mittel endlich übereinstimmten, war man sich in der Potenz nicht einig. Das war dann die Zeit, in der ich beschloss, mich selber schlau zu machen. Ich fand im Internet eine Schule, die im Fernstudium zum Tierheilbehandler ausbildete. Das Wort Tierheilbehandler gefiel mir besser als Tierheilpraktiker, also meldete ich mich dort an. Wunderbar, dachte ich, so komme ich doch noch zu meinen Tieren.

Welche Ausmaße dies jedoch annehmen sollte, war mir zu dieser Zeit noch nicht bewusst.

Umso schöner ist es für mich heute, nachvollziehen zu können, wie alles dazu beigetragen hat, dass ich heute da bin, wo ICH BIN.

Viele von euch mögen sich nun fragen: Wie kommt man eigentlich dazu, sich mit der Geistigen Welt zu beschäftigen, geschweige denn mit ihr zu kommunizieren? Ich kann es euch sagen. Wir bekommen Zeichen, und zwar Tag für Tag, auf unterschiedlichste Art und Weise.

Vielleicht ist der eine oder andere auch schon einmal in ähnliche Situationen wie ich gekommen und hat diese nur nicht als „Zeichen" erkannt.

Die Geistige Welt hat sich da richtig Mühe gegeben, um mich davon zu überzeugen, dass es sie wirklich gibt, denn ich bin schon sehr bodenständig – ich bin vom Sternzeichen Widder. Diese lustigen und irrwitzigen Situationen möchte ich euch nicht vorenthalten. Nur zu gern hätte ich da oft mein Gesicht sehen wollen.

Und nun lest, wie aus einem ganz normalen Leben – mit Höhen und Tiefen, mit Blockaden und Einbrüchen – ein Leben im Einklang mit dem Seelenplan geworden ist.

Vorab muss ich noch hinzufügen, dass euch mit Sicherheit einiges unglaubwürdig vorkommen wird … ich versichere euch …

… alle im Buch beschriebenen Ereignisse haben sich wirklich zugetragen.

WIE ALLES BEGANN

DER GÖTTLICHE FUSSTRITT UND SEINE FOLGEN ...

Tja, eigentlich begann alles damit, dass ich zur Jahreswende 2005/2006 wieder einmal krank wurde. Da war sie wieder, die „Grippe". So lag ich zu Hause auf der Couch und tat mir, wie jedes Mal zuvor auch, schrecklich leid. Ich dachte über mein bis dato gelebtes Leben nach.

Ich hatte meine Höhen und Tiefen, wie alle anderen auch, hatte immer den selben Typ Mann angezogen, „opferte" mich für meine Beziehungen komplett auf und stand am Schluss allein da. So ärgerte ich mich also über meine eigene Dummheit in der letzten Beziehung, die ich damals, 2001, endgültig beendet hatte. Ich erinnerte mich, wie ich aus dem gemeinsamen Haus auszog, in ein klitzekleines Appartement, dessen Winzigkeit mir jedes Mal bewusst wurde, wenn ich meinen Hund Kayo am Wochenende zu mir holte. Ich konnte mir keine richtige Wohnung leisten, nachdem ich mich für diese Partnerschaft wieder finanziell hatte hinreißen lassen, alles zu geben. So hing ich dem Geld nach, das ich in diese Beziehung gesteckt hatte. Was könnte ich jetzt alles damit anfangen! Ich hätte es mir leisten können, nur halbtags zu arbeiten und mich den Rest des Tages mit meinem Hund und mir zu beschäftigen, ich hätte mir ein kleines Häuschen mit Garten für mich und Kayo gemietet, somit wäre er immer bei mir, und nicht nur an meinen freien Tagen, die sehr begrenzt waren, weil ... irgendwie arbeitete ich immer. Ich hätte verreisen können, mir schöne Kleidung kaufen können, die Ideen gingen nicht aus ...

Und als ob das nicht genug wäre, NEIN, ich hatte auch noch Liebeskummer.

Da lag ich nun mit all meinen Problemen, und das ärgerte mich noch mehr.

In meiner „Not“ fing ich an, im Stillen Gott und die Engel um Hilfe zu bitten. Wie man sieht, war ich schon sehr verzweifelt. Ich erinnerte mich, dass ich als Kind schon beim lieben Gott um schönes Wetter gebeten hatte, wenn ich z.B. baden gehen wollte, das hatte auch geklappt. Ich hatte mir jedoch nie wirklich Gedanken darum gemacht, ob es Gott und die Engel wirklich gibt. Aber es konnte ja nicht schaden, auf sie zurückzugreifen, dachte ich mir.

Ja, und damit brachte ich nicht nur einen Stein ins Rollen, nein ... eine ganze Lawine.

Ich gehe nochmals kurz in der Zeit zurück, um die Zusammenhänge zu verdeutlichen, denn ich bekam damals schon „Zeichen“, denen ich, zum Glück, bereits unbewusst folgte.

Wir schreiben das Jahr 2003.

Es war September. Die Firma, für die ich arbeitete, sollte aufgekauft werden und wir Angestellten würden nicht übernommen werden. Ja, auch das zählte mit zu den Höhen und Tiefen. Ich fuhr damals mit dem Auto zum nächstgelegenen Bahnhof, um mit dem Zug zu meiner Noch-Arbeitsstelle zu fahren. Ich hörte sonst nie Radio im Auto, bis auf dieses eine Mal. Ich war zu spät dran. Ich musste an der roten Ampel halten und um mich davon abzulenken, dass ich den Zug verpassen würde und welche Folgen dadurch für mich entstehen würden, schaltete ich das Radio ein. Während ich so überlegte, was ich weiterhin beruflich machen werde, hörte ich mit einem Ohr, dass die Fitness-Branche boomt. Da gab es mir so eine Art von „Erkenntnisstich“ und ich wusste, dass ich nun mein Hobby zum Beruf machen wollte. Ich trainierte schon seit zehn Jahren als Leistungssportlerin im Fitness-Studio. Also entschloss ich mich, im Fernstudium eine Ausbildung zum Fitness- und Sportrehabilitationstrainer zu beginnen. Da das Angebot an Fitness-Studios zur damaligen Zeit nicht gerade groß war, hatte ich mich damit abgefunden, auch für diesen Job wieder in eine Großstadt fahren zu müssen, bzw. umzuziehen. Das gefiel mir ganz und gar nicht – aber was sollte ich machen!

Als ich im März 2004 an meinem letzten Arbeitstag auf dem Weg nach Hause war, erfuhr ich, dass nur sieben Kilometer von meinem Wohnort entfernt ein Fitness-Studio eröffnen wird.

BINGO!! Ja, es kann manchmal richtig schnell gehen.

Ich bewarb mich dort und bekam sofort den Job. Und alles nur, weil ich damals im Auto „zufällig“ das Radio einschaltete, weil „zufällig“ die Ampel auf Rot schaltete, weil ich „zufällig“ zu spät dran war …

So, nun wieder zurück zu mir auf die Couch. Ich lag da ja immer noch mit meinem Selbstmitleid. Ich wollte mich mit irgendwas ablenken, um nicht noch tiefer in mein Depressionsloch zu fallen. Ich erinnerte mich an eine Kartenlegerin, die mir einmal vor etlichen Jahren gesagt hatte, dass es nicht ausgeschlossen wäre, dass ich später einmal mit Tieren arbeiten würde, weil ich die „Tiersprache“ verstehe. „Cool“, dachte ich und hatte schon Bilder als Frau Dr. Dolittle vor Augen. Ich musste schmunzeln. Des Weiteren sah sie sehr viele Kinder um mich herum, es könnten auch diese sein, mit denen ich arbeiten würde, meinte sie. Die Bilder, die ich da vor meinem geistigen Auge hatte, erinnerten mich an eine weibliche Darstellerin des „Kindergarten-Cop“.

Ich entschied mich für die Tiere. Tiere liebe ich über alles. Ich wollte schon als Kind immer im Zoo arbeiten, und wenn ich die Wahl gehabt hätte, bei den Menschen oder bei den Tieren zu leben, wäre meine Wahl, wie ihr ja schon wisst, auf die Tiere gefallen.

Ich stand also von meiner Couch auf und versuchte nun, im Internet alles über Tierkommunikation herauszufinden. Ich fand ein Buch, das mich besonders ansprach: Animal Talking von Penelope Smith. Ich bestellte das Buch.

Endlich war es da und ich begann zu lesen.

Da stand: Um mit den Tieren sprechen zu können, ist es wichtig, zehn Minuten einmal an gar nichts zu denken. Der Kopf soll frei von jeglichen Gedanken sein, um die Bilder, die die Tiere uns übermitteln, empfangen zu können. Wobei nicht alle Tiere nur Bilder schicken. Es können Gefühle oder auch Wörter und Sätze sein, manchmal auch ein komplettes Wissen.

Na super, genau das war ja mein größtes Problem. Ich, die ich doch dauernd etwas im Kopf hatte und alle zehn Sekunden an meinen Liebeskummer dachte, sollte zehn Minuten an gar nichts denken!? Da sagte ich laut zu mir: „Es muss doch etwas geben, mit dem ich beginnen kann, dies zu lernen, so eine Art Vorstufe zur Telepathie." Ich ließ dies so im Raum stehen. Damals wusste ich noch nicht, dass ich meinen geistigen Helfern damit einen Auftrag erteilt hatte.

Von Tag zu Tag ging es mir besser und als ich wieder gesund war, verspürte ich das Verlangen, nicht den Fernseher einzuschalten, wenn ich abends von der Arbeit nach Hause kam, sondern mich auf den Teppich auf dem Boden zu legen und zu entspannen. Ich zündete ringsum Kerzen und eine Duftöllampe an und legte mir Entspannungsmusik ein. Es war herrlich. Ich tat das immer öfters. Während ich so da lag, fragte ich mich immer wieder, was ich denn als Nächstes tun könnte, um einen Schritt weiter zu kommen.

Tags drauf im Studio fragte mich ein Mann (der mittlerweile auch ein sehr guter Freund geworden ist), wie es mir denn gehe. Ich sagte: „Gut." Er schaute mich an und sagte: „Wie geht es dir denn wirklich?" Ich stutzte und fragte mich, ob er etwas von meinem Liebeskummer wusste. Ich antwortete ihm: „Na ja, es geht schon", abwartend, was von ihm kommen würde. Er fragte mich, ob ich schon einmal etwas von Reiki gehört hätte. Ich antwortete ihm: „Ja, Reiki habe ich schon mal gehört, ich weiß aber nicht, was ich davon halten soll." Ich hatte einmal eine Frau kennen gelernt, die sich regelrecht aufdrängte, mir Reiki geben zu wollen. Beim Händeauflegen hatte ich nichts gespürt, geschweige denn wusste ich, was passieren sollte. Dann erzählte sie mir noch ein paar sehr fragwürdige Dinge über Kayo, woraufhin ich den Kontakt kurzerhand abbrach. Ich war also erst mal „geheilt" von Reiki.

Er sagte dann nur noch knapp: „Mach Reiki!" und dann ging er wieder auf die Trainingsfläche. Nun stand ich da. Die Neugierde siegte dann doch schlussendlich.

Ich recherchierte im Internet über Reiki und was ich da las, fühlte sich jetzt sehr gut an. Ich las alles sehr aufmerksam durch. Es gefiel mir. Ich hatte ein gutes Gefühl dabei.

Auf einmal kam es mir: War das eben nicht genau die Antwort auf meine Frage zur Vorstufe der Telepathie von gestern Abend?!

Einige Tage später besuchten mich zwei gute Freunde. Ich sprach einen von ihnen auf Reiki an, ob er denn wüsste, was das sei? Die Antwort verblüffte mich – beide Freunde sind Reiki-Meister. Ich kannte sie noch nicht sehr lange, ungefähr ein halbes Jahr (vom Sehen her allerdings schon länger). Sie hatten dies aber nie erwähnt. Einer der beiden gab mir einen Buchtipp: „Der Weg zum wahren Reiki-Meister" von Andreas Dalberg. Ich sollte es lesen, es wäre ein Taschenbuch.

Lesen? Das hatte ich schon sehr lange nicht mehr getan, eigentlich noch nie wirklich. Wann denn auch? Außer natürlich meine Lehrbücher über Anatomie, Trainingslehre usw. Dann dachte ich: Okay, es ist ja nur ein Taschenbuch, das schaffe selbst ich.

Nun ließ er mich noch wissen, dass ich immer wieder einmal versuchen sollte, mir „Energie" zu holen, und gab mir dazu kurze Anweisungen. Als die beiden weg waren, setzte ich mich auf meinen Hocker im Wohnzimmer und stellte mir vor, wie sich ein Trichter über meinem Kopf nach oben öffnete, und ich atmete tief ein. Es funktionierte. Die Energie durchfuhr mich von Kopf bis Fuß. Es war ein unbeschreiblich schönes Gefühl. Ich nannte es einfach nur „britzeln“ und ich musste ständig gähnen.

Tags darauf rief ich in der Buchhandlung an und bestellte mir das Buch.

Als ich es am 21. Januar 2006 abholte, war es ein 400-Seiten-Buch! Kleingedruckt. So viel zum Taschenbuch. Ich schluckte! Aber die Neugierde siegte und ich begann zu lesen. Zuerst ging es darin um die Psyche des Menschen und dann wurden die einzelnen Reiki-Grade beschrieben. Etliche Stunden und Tage später war ich überzeugt und wollte den 1. Reiki-Grad machen, aber wo? Diese Frage warf ich deutlich ausgesprochen in den Raum.

Meine beiden Freunde hatten ihn in Bonn gemacht. Das war mir eindeutig zu weit. Ich sah mir mehrere Seiten im Internet an, aber es war nicht das Richtige dabei. Also wartete ich ab, es würde schon noch ein „Wink“ kommen.

Während dieser Zeit gab mir eine Freundin noch ein Buch, das ich lesen sollte. Sie hatte es mir „einfach so“ mitgebracht. Es hieß: „Der Weg nach Hause“ von Lee Carroll (Kryon).

Ich las nun schon mein zweites Buch. Es war sehr interessant und veränderte auch bereits meine Einstellung zum Leben. Ich sah mich nicht mehr zu 100 Prozent in der Opferrolle.

Auf einmal wusste ich, warum manche Dinge im Leben so sind, wie sie sind. Oder warum manche Situationen passieren. Gute wie auch schlechte. Und es war in Ordnung, so wie es ist.

Ich hatte immer mehr das Verlangen, Reiki zu erlernen, und zwar sofort (man merkt mir mein Sternzeichen Widder gelegentlich schon an). Ich bat darum, mir bitte ein klares und deutliches Zeichen zu geben, wohin ich denn jetzt bezüglich meiner Reiki-Einweihungen gehen sollte.

Am nächsten Tag musste ich arbeiten. Es war ein Sonntag. Eines der ersten Mitglieder, die ins Studio kamen, war eine Geschäftsfrau aus einer nahe gelegenen Stadt.

Wir kamen in ein Gespräch, in dem sie mir mitteilte, dass sie, seit sie einen Unfall gehabt hatte, ihren Schutzengel sehen könne. Da wurde ich hellhörig und fragte sie, ob sie denn Reiki kenne. Sie meinte, dass sie den 1. Grad hätte und mir eine Adresse von einer Großmeisterin geben könnte, die in der Nähe wohnte. Ich dachte: „Wunderbar!“ und bedankte mich für das prompte „Zeichen“.

Einen Tag später waren meine beiden Reiki-Freunde wieder im Studio beim Trainieren. Einer der beiden fragte mich, wie es mir denn ginge, und ich sagte: „Super, besser könnte es gar nicht gehen. Das mit der Energie klappt und ein Zeichen habe ich auch schon bekommen.“

Er fragte mich, ob ich denn sehen könnte, welche Farbe seine Aura hätte. Ich sagte, dass ich nicht wüsste, wie das ginge und was es denn für Farben gäbe. Er fragte mich, welche Farbe mir denn so in den Sinn käme. Mir kam nichts. Nun wollte ich natürlich wissen, wie das geht.

Am nächsten Tag erkundigte ich mich im Internet, zum Glück kann man ja dort fast alles finden, und tatsächlich fand ich eine Anleitung. Schnurstracks ging ich in die Toilette. Dort waren die besten Voraussetzungen für das „Sehen“ gegeben. Spiegel und eine weiße Wand im Hintergrund. Ich fixierte mein Drittes Auge und ließ meinen Blick verschwimmen und dann sah ich es – über meinen Schultern ein prächtiges, leuchtendes Smaragdgrün mit Blau. Die Farben hatten eine solche Brillanz, dass man es nicht beschreiben kann. Und wieder durchfuhr mich etwas. Ich eilte zum Computer zurück und suchte nach der Bedeutung dieser Farben. Es gab sie tatsächlich. Sie stehen für Lehrtätigkeit, Heilung usw.

WOW!! Diese Gefühle sind mit Worten nicht wiederzugeben! Das „muss“ man er-leben.

Es wurde immer interessanter und es machte mir so viel Spaß. Ich fühlte, wie ich immer leichter und lustiger wurde. Es war alles so witzig, frei und toll!

Ich holte mir jeden Abend die Energie und sah mir meine Aurafarben an.

Immer mehr verspürte ich eine innere Zufriedenheit und Glückseligkeit. Das Gefühl verstärkte sich im Laufe der Woche und ich musste mich zurückhalten, nicht jeden zu umarmen.

Das war mir dann doch langsam etwas komisch. Zumal dieses Dauergrinsen von mir nun schon jeder bemerkte.

Ich berichtete meinem Freund, dem Reiki-Meister, von meinen „Liebes- und Glückseligkeitsanfällen“. Er meinte, ich solle mich vorsichtshalber „erden“, um nicht „davonzufliegen“. Erden? „Wie soll das funktionieren?“, fragte ich. Er meinte, ich solle mir einen Baum aussuchen, mir die Schuhe ausziehen und den Baum fest umarmen, ach, und zuvor sollte ich noch Kartoffeln essen. Und so würde ich geerdet werden.

Aha, toll, dachte ich mir, es ist März und es liegt Schnee. Na gut, was macht man nicht alles!

Am Samstagvormittag frühstückte ich also Kartoffeln, erledigte meine Einkäufe und suchte mir in einer abgelegenen Umgebung einen Baum. Ich fand auf einem Feld eine große Eiche, die in einer Vertiefung stand. Ich stellte das Auto ab und ging zum Baum. Als

Alibi nahm ich vorsichtshalber meinen Hund Kayo mit, den ich gebrieft hatte, ausnahmsweise einmal nicht an den Baum zu pinkeln.

Ich zog meine Schuhe und Socken aus und umarmte den Baum. Der einzige Gedanke jedoch, den ich halten konnte, war: „Hoffentlich sieht mich hier keiner so stehen!“

Man stelle sich mal vor, mitten im Winter eine barfüßige junge Frau, die eine alte Eiche umarmt … Das kann nicht sein, oder?

Okay, ich hielt ein paar Minuten durch, zog dann meine Socken und Schuhe wieder an und ging im Laufschritt zum Auto. Zum Glück hatte mich keiner gesehen.

Am selben Tag merkte ich noch keinerlei „Wirkung“ von der Aktion. Aber am nächsten Tag und an den darauf folgenden zwei Tagen ging es mir genauso wie früher. Ich fühlte mich schwer und teilweise schlecht gelaunt. Ich erzählte dies meinen Freunden, die daraufhin meinten, ich habe mich möglicherweise zu viel geerdet. Also gut, dachte ich mir, wenn ich am Abend zu Hause bin, hole ich mir wieder Energie von oben. Das war dann vergleichsweise so wie Aufzug fahren. Rauf … Runter … Rauf… Runter …

Meine Gefühle waren erst oben, durch das Erden waren sie ganz unten und durch die Energie holte ich mich wieder herauf. Ich schaffte es nicht, den Mittelweg zu finden. Woraufhin ich mich entschied, oben zu bleiben.

Das war eindeutig besser, beschloss ich vorerst.

Nun wollte ich endlich Reiki machen und rief die Reiki-Großmeisterin an. Leider sprach ich nur mit ihrem Anrufbeantworter.

So musste ich abwarten. Endlich kam der Rückruf. Sie meinte, der Kurs wäre belegt und ich könne beim nächsten mitmachen, außer es sagte jemand ab. Für mich war klar, dass jemand absagen würde, so sehr hatte ich es mir gewünscht.

Es konnte nicht schiefgehen. Ich wartete ab. Montags darauf verspürte ich auf einmal das Verlangen, mich zu reinigen. Ich trank viel Wasser, aß merkwürdigerweise Unmengen von Mangos und Nüssen und machte fast täglich ein Körperpeeling. Es war schon sehr eigenartig.

Am Donnerstag kam der Anruf von der Reiki-Meisterin, dass jemand abgesagt hätte. Na also, geht doch. Danke!

Nachdem ich nun den 1. Reiki-Grad gemacht hatte, probierte ich es an meinen Pflanzen, an mir selbst und an Kayo aus. Ich verband mich mit der Geistigen Welt und bat um die Reiki-Energie. Ich wollte meine Hände bei Kayo auflegen, doch er hatte bis jetzt diese Energie noch nie gespürt und sprang mit weit aufgerissenen Augen von der Couch. Ich dachte, er wäre eventuell erschrocken, und ließ ihn wieder Platz nehmen und probierte es noch einmal. Aber es klappte erneut nicht. Sobald ich mit meinen Händen in seine Nähe kam, sprang er hoch. Ich bedankte mich bei der Geistigen Welt für die Energie, schüttelte meine Hände – und ich konnte meinen Hund wieder anfassen. Tiere sind nicht beeinflussbar. Er wusste ja nicht, was ich machte, aber er spürte, dass etwas anders war.

Nun ja, ich widmete mich dann meinen Pflanzen, die konnten mir wenigstens nicht weghüpfen, und siehe da, meine Pflanzen gedeihen wunderbar!

ES FUNKTIONIERTE!

Tipp: Kayo zeigte mir anhand seines Verhaltens, dass ich ihn mit meiner Energie überfahren hatte, das war ihm zu viel. Wie auch so manch anderer Anfänger dachte ich, je mehr, umso besser. Irrtum! Zum Glück reagieren Tiere sofort und zeigen einem, was Sache ist.

Das Prinzip lautet: Du stellst die Energie durch die Geistige Welt zur Verfügung und der andere nimmt sich das, was er braucht!

Ein paar Tage später stand ich wieder in der Buchhandlung. Es war der 18. März 2006, diesmal nahm ich das Buch „Hände weg von diesem Buch“ von Jan van Helsing mit. Irgendwie zog mich dieser Buchtitel an – Widder!

Ich kaufte das Buch und sah mich dann nochmals in der Esoterik-Ecke um. Da fiel mein Blick auf das Buch „Die Zahlen der Engel“ von Doreen Virtue.

Darin steht: *Ihre Engel führen Sie durch Ihre Gedanken, Gefühle, Worte und Visionen. Darüber hinaus geben sie Ihnen Zeichen – das heißt Dinge, die Sie wiederholt mit Ihren physischen Augen sehen. Eines ihrer Lieblingszeichen hat mit Zahlenfolgen zu tun. Dabei handelt es sich um Zahlen, die Sie immer wieder auf Autonummernschildern sehen, bei Telefonnummern, auf Uhren und so weiter.*
(Aus „Die Zahlen der Engel“ von Doreen Virtue, Ullstein Verlag)

Das brauche ich nicht, dachte ich und stellte das Buch wieder ins Regal zurück. Zufrieden mit meinem bereits erworbenen anderen Buch verließ ich das Geschäft.

Von Donnerstag auf Freitag übernachtete eine Freundin und Arbeitskollegin bei mir. Ich fragte sie am Abend, wann wir denn morgen aufstehen würden. Wir einigten uns auf 7:30 Uhr. Ich ging ins Bett und stellte meinen Funkwecker auf 7:15 Uhr, denn ich döse gern noch ein paar Minuten im Bett, bevor ich aufstehe. Ich schlief ein. Plötzlich schreckte ich auf und sah auf die Uhr. Es war bereits Morgen. Auf meinem Wecker war es 8:30 Uhr. So was Blödes, dachte ich, der Wecker hat nicht geklingelt und wir haben verschlafen. Ich rannte ins Wohnzimmer zu meiner Freundin. Als ich sie aufweckte, fiel mein Blick auf die Funkuhr im Wohnzimmer, die zeigte 7:31 Uhr an. Ich lief ins Schlafzimmer, da war es 8:30 Uhr.

Ich lief ins Wohnzimmer zurück – 7:32 Uhr. Beides sind Funkuhren. Der Wecker im Schlafzimmer ist an das Stromnetz angeschlossen und hatte bisher immer einwandfrei funktioniert (und er funktioniert auch heute noch tadellos) „Wie spät ist es denn jetzt?", rief ich und sah meine verdutzte, noch schläfrige Freundin an. Sie sah auf ihr Handy. Es war 7:33 Uhr.

Da durchzuckte es mich gewaltig. 8:30 Uhr ... 830 – das Zahlenbuch der Engel!! Botschaften in Form von Zahlen auf Uhren usw. ... ne, oder??!!

Innerlich aufgeregt und ungeduldig fuhr ich in die Arbeit. Ich konnte es kaum erwarten, dass es 12:00 Uhr war. Mittagspause.

Normalerweise trainierte ich dann immer. Aber an diesem Tag fuhr ich schnurstracks zur Buchhandlung und wollte nachsehen, was die „830" bedeutete. Ich wollte mir das Buch nicht gleich kaufen, nur mal nachblättern. Als ich dort ankam, musste ich feststellen, dass das Buch weg war. So viele Bücher, dachte ich, und genau dieses war weg, innerhalb von zwei Tagen ... merkwürdig. Ich fragte nach, ob man das Buch bei Bestellung auch kaufen müsste. Die Verkäuferin meinte: „Ja."

Ich bestellte es nicht und fuhr wieder nach Hause (Widder).

Ich dachte mir, dass das nur ein Zufall war, und wollte mich nicht verrückt machen lassen, dennoch ließ es mir keine Ruhe. Ich versuchte den ganzen Freitagnachmittag, etwas über diese Zahl herauszufinden. Nichts! Es steht doch sonst immer alles im Internet! Aber darüber ... nichts!

Samstagvormittag rief ich im Geschäft an und bestellte das Buch. Ich musste nun tatsächlich warten. Ihr müsst wissen, dass Geduld nicht unbedingt zu den Stärken eines Widders gehört.

Endlich war es Dienstag, der 21. März 2006. Als ich aus dem Studio ging, fiel mir aus dem Augenwinkel ein Autokennzeichen auf: MÜ-OO 00. Ich beachtete es aber nicht weiter. Ich kaufte das Buch und las ganz gespannt bereits im Auto die „830“ nach.

Die Botschaft lautete: *Deine regelmäßigen Gebete, Meditationen und Zeiten der Stille haben dir erlaubt, eine tiefe Verbindung mit Gott und den aufgestiegenen Meistern einzugehen, die dich mit erstaunlicher Fülle versorgen.*

(Aus „Die Zahlen der Engel“ von Doreen Virtue, Ullstein Verlag)

Aha, dachte ich. Mmhhh … alles klar!!

„Jungs“, grinste ich, „ich habe euer Handbuch, ihr könnt loslegen …“

Als ich um 16:00 Uhr wieder ins Studio zurückfuhr, sah ich wieder ein Auto direkt vor der Tür parken. Das Kennzeichen beinhaltete wieder zwei Mal die „00“.

Okay, schauen wir mal nach, was die „00“ bedeutet.

Die Botschaft lautete: *Mach dich ans Werk, Lichtarbeiter! Die Welt ist jetzt darauf angewiesen, dass du deine göttliche Aufgabe annimmst. Erfülle sofort und ohne Zögern deine heilige Mission. Der Schöpfer legt dir diese Botschaft ans Herz und bittet dich, ihm seine ganze Aufmerksamkeit zu schenken und seiner Führung ohne Zögern zu folgen. Gott möchte, dass du dich jetzt voll deiner Lebensaufgabe widmest … jetzt!*

(Aus „Die Zahlen der Engel“ von Doreen Virtue, Ullstein Verlag)

Aha, Lichtarbeiter? Göttliche Aufgabe? Heilige Mission, äähhhmm … was ist los?? Verwirrt legte ich das Buch zur Seite!

Samstagabend war ich bei Freunden eingeladen. Als wir so ratschten, sagte einer meiner Freunde, dass sein neuer Fernseher 999 Euro gekostet hätte. Zwei Sekunden später sagte der Mann im Fernsehen auch etwas von 9,99 Euro, und zwar so, dass es mir auffiel.

Als ich später im Auto saß und nach Hause fuhr, überlegte ich ob das nun etwas zu bedeuten hätte. Da ich mir nicht ganz sicher war, sagte ich im Auto laut: „Jungs, wenn das ein Zeichen für mich war, dann brauche ich bitte noch eines.“ Als ich daheim mein Auto parkte, hatte das Auto neben mir das Kennzeichen 999. Bingo!! Es war ein Zeichen. Schnell lief ich in meine Wohnung, holte das Buch und schlug nach unter der 999.

Die Botschaft lautete: *Mach dich ans Werk, Lichtarbeiter! Die Welt ist jetzt darauf angewiesen, dass du deine göttliche Aufgabe annimmst. Erfülle sofort und ohne Zögern deine heilige Mission.*
(Aus „Die Zahlen der Engel“ von Doreen Virtue, Ullstein Verlag)

Upps, da war es schon wieder … was für eine heilige Mission denn?, fragte ich mich.

Die Zeit verging. Am 31. März 2006 zeigte mir einer meiner guten Freunde (der mich auf Reiki gebracht hatte) seine Engelskarten. Ich zog eine und sie passte genau. Die Karten sprachen mich so sehr an, dass ich die Karten (Diana Coopers Engel-Karten) und den dazugehörigen Engel-Ratgeber am nächsten Tag gleich kaufte. Natürlich hatte ich mir auch einige Engelsbücher ausgeliehen und einiges im Internet nachgelesen. Unter anderem fand ich da auch die Anleitung dafür, wie man seinen Schutzengel um seinen Namen bitten kann. Feine Sache, dachte ich, das musste ich ausprobieren. Okay, ich setzte mich also hin, holte tief Luft und ließ die Energie fließen. Dann sagte ich laut: „Bitte, lieber Schutzengel, verrate mir deinen Namen.“ Währenddessen dachte ich noch, was jetzt wohl für ein Name kommen würde. Wahrscheinlich einer, der mir im Gedächtnis war oder der mir selbst gefiel. Nun gut, ich wollte mich überraschen lassen. Dann legte ich mich hin und begann mir die Hände aufzulegen. Irgendwann zwischen Herz- und Solarplexus-Chakra fiel ich in eine Art Halbschlaf.

Ich hatte ein D und ein E in meinem Kopf und ich sah Finger. Ich wusste, ich musste ein F für Finger nehmen. D E F … DEF – Detlef! Ich dachte noch, schöner Name, zeitgleich bekam ich ein „DANKE!" Da wachte ich auf und war perplex. Ich hatte eine Stimme gehört. Das „Danke" kam nicht von mir. War Detlef der Name meines Schutzengels? Mit Sicherheit, denn der Name existierte nicht wirklich in meinem Wortschatz. Wow! Das klappte ja hervorragend. Ich bedankte mich voller Herzensfreude … es war ein tolles Gefühl.

Als ich am nächsten Tag, es war wieder einmal Sonntag, an der Theke im Studio stand und über meine Lebensaufgabe und all die Ereignisse nachdachte, schoss mir der Gedanke ein, dass ich den Menschen erzählen sollte, dass es da noch etwas gibt. Ich sollte sie darauf aufmerksam machen, dass unsere mit dem physischen Auge sichtbare Welt noch nicht alles ist. Sie sollten durch meine Erfahrungen wieder den Zugang zu sich selbst und der „Quelle" finden.

In der Nacht und den darauf folgenden Nächten schlief ich zwar, war aber am nächsten Tag jedes Mal so müde, als wäre ich die ganze Nacht unterwegs gewesen. Ich fragte nach, warum das denn jetzt wieder so sei. In den nächsten zwei Nächten wachte ich jedes Mal um 3:33 Uhr auf. Es war wieder eine Botschaft: „333". Ich las in meinem Handbuch nach.

Die Botschaft lautete: *Du bist eins geworden mit den aufgestiegenen Meistern und sie arbeiten Tag und Nacht mit dir – auf vielen Ebenen. Sie lieben, führen und beschützen dich auf allen Wegen und in jeder Hinsicht.*

(Aus „Die Zahlen der Engel" von Doreen Virtue, Ullstein Verlag)

Aha, deswegen war ich morgens immer so müde und „träumte" die ganze Nacht hindurch. In einem anderen Buch stand, wenn es einem „zu viel" werden würde, könnte man auch Bescheid geben. Das wollte ich nun auch wieder nicht. Die sollten nur machen. Mann, war das alles spannend!

Ich bringe nun ein Beispiel, das nicht mich selber betrifft, sondern einen Freund.

Am Abend des 11. April 2006 kam einer meiner beiden Reiki-Freunde zu mir ins Studio. Er war ziemlich enttäuscht über eine missliche Situation in der Arbeit. Das, was er sich gewünscht hatte, war nicht eingetroffen. Er meinte nur: „Langsam glaube ich nicht mehr an die Geistige Welt."

Ich dachte bei mir, da mussten mehr Dinge vorgefallen sein, um so niedergeschlagen zu sein. Ich versuchte ihn aufzumuntern. Er fragte mich, was ich denn meinte, was er tun solle.

Ich hatte darauf keine Antwort. Als sein Freund mit seinen Trainingssachen kam, gingen wir beide vor an die Theke. Er gab mir seine Mitgliedskarte und ich wollte ihn einchecken. Eigenartigerweise war er bereits eingecheckt. Auf der „23". Ich fragte ihn, ob er sich bei meinen Kollegen schon einen Schlüssel hatte geben lassen. Er verneinte. Er war direkt zu mir ins Büro gekommen. Außerdem hatte sein Freund seine Karte, und die brachte er ja jetzt erst mit. Eigenartig. Ich fragte meine Chefs und meine Kollegin, ob sie ihn eingecheckt hätten. Keiner wusste etwas. Zwei Minuten später war das Rätsel geklärt. Mein Chef hatte einem anderen Mitglied (der einen ähnlichen Nachnamen hatte wie mein Freund) kurz zuvor die Schlüssel Nr. 23 gegeben und aus Versehen meinen Freund auf dieser Nummer eingecheckt. Jetzt wurde ich stutzig. Ich hatte da so ein Gefühl. Ich ging zu meinem Korb, wo das Zahlenbuch der Engel drinnen lag. Es war mittlerweile zu meinem ständigen Begleiter geworden.

Ich schlug unter der „23" nach. BINGO, das passte ja wieder!!

Lachend und schmunzelnd ging ich zu ihm in den Ausdauerbereich des Studios und las folgendes vor:

Die Botschaft lautete: *Die aufgestiegenen Meister helfen dir, an deinem Glauben festzuhalten und zu vertrauen. Sie sind jetzt in diesem Augenblick bei dir und bereit, dir zu helfen, wenn du sie um ihre Hilfe bittest.*

(Aus „Die Zahlen der Engel" von Doreen Virtue, Ullstein Verlag)

Tja, manchmal folgt die Antwort superprompt!!

Und so verging die Zeit. Ich bekam immer Zeichen zur richtigen Zeit. Einmal sogar als Zahlenfolge auf meinem Anrufbeantworter. Was witzig war, denn ich hatte kurze Zeit vorher in einem Buch gelesen, dass die Engel bestimmt nicht auf den Anrufbeantworter sprechen, sondern man solle schon selber aufmerksam durchs Leben gehen und auf die „Zeichen" achten. Wobei der Autor sicherlich recht hat, nur verallgemeinern würde ich es nicht, dass die Geistige Welt nicht auf den AB spricht. Ich hatte Zahlen der Engel auf meinem Anrufbeantworter. Sie hatten es einfach ziemlich eilig und konnten nicht warten, bis sie mir drei Autokennzeichen schicken konnten. Hatte ich Fragen, weil wieder eigenartige Dinge passierten, so erhielt ich die Antwort tags darauf: durch ein Buch, durch einen Text im Internet, durch ein Gespräch. Es war faszinierend. Darauf folgte eine Zeit, in der alles wie am Schnürchen lief und mich die Geistige Welt einfach nur machen ließ.

Eines Nachts hatte ich einen sehr intensiven Traum. Ich saß mit anderen Menschen in einem Kreis auf dem Boden, als plötzlich ein Reh in unsere Mitte trat, auf mich zukam und sich in meinen Schoß legte. Es schmiegte sich ganz innig an mich und ich hielt es fest. Es war ein so wunderbares Gefühl der Geborgenheit und Liebe. Nach einer Weile stand es wieder auf und ging davon. Ich suchte es, ohne Erfolg. Es war verschwunden, was mich sehr traurig machte.

Am Morgen war ich unterwegs zu einer Freundin, als ich mich plötzlich wieder an meinen Traum und an mein Gefühl, als ich das

Reh in den Armen hielt, erinnerte. Da schoss es mir durch den Kopf, dass das Reh mein Krafttier war.

Bei meiner Freundin angekommen, sah ich ein Buch über Krafttiere von Jeanne Ruland in ihrem Regal stehen. Ich las das Reh nach.

Das Reh steht für Sanftmut, Verwirklichung, Kraft der Seele.

Springt das Reh in dein Leben, so ruft es dich auf, dich den feinen Kräften deines Herzens wieder zu öffnen. Es führt dich zurück zu deiner Unschuld, Reinheit und Offenheit dem Leben gegenüber Es lehrt dich, die Welt wieder aus reinen Augen zu betrachten und die sanften, weichen, zarten Kräfte durch dich fließen zu lassen. Es fordert dich auf, zu fühlen, zu träumen, zu schauen, innezuhalten und zu staunen. Es führt dich an die reine Quelle deiner Seele und zu lichtvollen verzauberten Plätzen, an denen Wunder geschehen können. Es taucht auf an Übergängen, wo es die Kraft der inneren Vision aktiviert, damit du deine Vision finden und ihr folgen kannst. Achte auf deine Träume, deine Eingebungen und die Kräfte deines Herzens, in ihnen findest du die Botschaften deiner Seele.

Als Gestaltenwandler bringt dir das Reh die Fähigkeit, dich in viele Formen und Energien einzufühlen, andere zu nähren mit der Kraft der Liebe und ihre Herzen für ihre eigene Vision zu öffnen. Das Reh schenkt die Erinnerung, die Führung und Heilung von verlorenen und vergessenen Seelenanteilen. Es bringt die Kräfte deines inneren Kindes zurück, welche durch traumatische Erfahrungen blockiert oder verlorengegangen sind. Es warnt dich, wenn Gefahr im Anzug ist. Es öffnet den Blick für die feinstoffliche Energie, für das Hellsehen, Hellfühlen und das feine Empfinden.

(Auszug aus „Krafttiere begleiten dein Leben“ von Jeanne Ruland, Schirner Verlag)

Ich war hin und weg!

Ich wusste, dieses Krafttierbuch musste ich mir besorgen. Gesagt, getan! Ich arbeite heute noch damit. Es ist meines Erachtens das treffendste seiner Art. Mittlerweile gibt es schon ein zweites Buch, das dem ersten Band in keiner Weise nachsteht.

Wieder zurück zu mir und meiner Freundin. Sie arbeitete mit mir auf Seelenebene, um ein paar „alte" Energien aufzulösen. Nach fast vier Stunden fuhr ich nach Hause. Ich war sehr müde und da ich nachmittags wieder in die Arbeit musste, legte ich mich auf meine Couch. Ich schlief ziemlich rasch ein. Während ich schlief, sah ich mich an einem großen, runden Tisch sitzen. Mir gegenüber saß ein alter Mann mit weißem Bart, gekleidet in ein weißes Gewand. Ich hörte ihn sagen: „Heike ist zwar ein sehr schöner Name, aber der Brief hier ist von KARA-NA-IL, KARA-NA-IL … KARA-NA-IL" … ich sah den Brief, den er in Händen hielt, und wachte auf. Ich war verdutzt. Was bedeutete das? Ich überlegte.

Kurze Zeit später las ich in einem Buch über den „Hohen Rat der Weisen" und Seelennamen: Wenn die Zeit gekommen ist, wird dir dein Seelenname von der Geistigen Welt mitgeteilt. „Hoher Rat der Weisen", das müssen die Männer an dem runden Tisch gewesen sein, dachte ich.

Ich kann euch gar nicht sagen, was das wieder für ein Gefühl war und ist. Das wurde ja immer abgefahrener! Echt irre!!

Abends, als ich schlafen ging, bat ich meine Engel, mir mein Herz zu öffnen, um die feinen Kräfte darin wirksam werden zu lassen, so wie es in dem Krafttierbuch beschrieben war. Ich schlief ein. Um exakt 4:00 Uhr wachte ich plötzlich auf. Ich wusste, das hatte etwas zu bedeuten. Ich stand auf, holte mein Zahlenbuch und las darin folgendes:

Die Botschaft lautete: *Du hast eine wunderschöne, klare Verbindung mit Gott und den Engeln. Dein Herz ist offen für die göttliche Liebe und Führung.*

(Aus „Die Zahlen der Engel" von Doreen Virtue, Ullstein Verlag)

Super, das war prompt. Ich bedankte mich und ging glücklich und zufrieden wieder schlafen.

Die Tage und Wochen vergingen, ich bekam zur richtigen Zeit Botschaften in Form von Zahlen, es erschienen weitere Krafttiere im Traum und meine geistigen Helfer beschäftigten mich nachts. Dann kam eine Zeit, in der sich keine „Zwischenfälle" ereigneten, so dass mir schon langweilig wurde. Einmal fragte ich nach, ob SIE noch da wären. Natürlich waren sie da, ich wusste es, aber mir war langweilig.

Am Freitag, dem 17. November 2006, stand ich morgens auf, um mit Kayo Gassi zu gehen. Ich zog mich an, setzte meine Brille auf und fuhr los. 45 Minuten später war ich wieder zurück, gab Kayo etwas zu essen und machte mich fertig für die Arbeit. Ich ging ins Bad, um mir meine Kontaktlinsen einzusetzen. Als ich in mein Waschbecken blickte, sah ich darin eine vertrocknete Kontaktlinse liegen. Sie war steinhart. So was Dummes, dachte ich mir, das war mein letztes Set. Ich musste erst wieder neue bestellen. Anscheinend war mir die Linse am Abend zuvor am Finger hängen geblieben. Ich warf sie in den Abfalleimer. Ich schraubte meinen Kontaktlinsenbehälter auf und wollte die andere Linse herausnehmen. Die eine Schale war leer und in der anderen lag eine Linse, die am kompletten oberen Rand ausgetrocknet war. Sie war richtig wellig. Das konnte doch nicht wahr sein! Ich hatte so etwas noch nie zuvor gesehen und betrachtete sie mir ganz genau. Ich legte sie in die Schale zurück und suchte all meine Schränke ab, ob ich nicht doch noch irgendwo Einmaltageslinsen von früher aufbewahrt hatte. Zum Glück, tatsächlich fand ich noch ein Paar. Jetzt wollte ich den alten Kontaktlinsenbehälter in die Hand nehmen und ausleeren, als ich darin zwei einwandfreie Linsen schwimmen sah.

Was war da los?

Das war jetzt so ein Augenblick, wo ich gerne mein Gesicht gesehen hätte.

Ich hatte doch eben noch die harte, vertrocknete Linse vom Waschbecken in den Abfalleimer geschmissen und die am Rand vertrocknete, unbrauchbare Linse in den Behälter zurückgelegt. Und jetzt lagen zwei völlig einwandfreie Linsen darin! Leider hatte ich nicht genügend Zeit, um weiter darüber nachzudenken. Ich musste los in die Arbeit. Natürlich ließ es mir keine Ruhe. Als ich zu Mittag heimfuhr, holte ich meine Freundin und Nachbarin zu mir. Ich erzählte ihr von dem Vorfall und bat sie, gemeinsam mit mir den Abfalleimer nach der Kontaktlinse zu durchsuchen. Ich leerte den Abfalleimer (der übrigens nicht sehr groß ist) in der Badewanne aus. Wir konnten suchen, so lange wir wollten. Es war keine Kontaktlinse mehr da! Ich saß auf dem Boden in meinem Badezimmer und grinste. Ich wusste, mein Team war wieder aktiv geworden. Ich glaubte fast zu spüren, wie sie sich darüber amüsierten, mich meinen Abfalleimer in der Badewanne durchsuchen zu sehen. Ich hatte mich ja schließlich beschwert, dass mir langweilig war, also schufen sie Abhilfe.

Ja, so sind sie.

Ich besuchte noch weitere Energieseminare, machte den 2. Reiki-Grad und hatte mich zu einem Christalline-Energie-Seminar im November 2006 angemeldet. Auf dieses Seminar freute ich mich schon sehr. Versprach doch schon der Name, dass es interessant werden würde.

Endlich war es soweit. Ich fuhr zu dem Seminar und trat durch die Terrassentür in den Raum, in dem ich mittlerweile schon viele Stunden verbracht hatte. Wir Seminarteilnehmer begrüßten einander herzlich und wir holten uns noch Tee, bevor wir Platz nahmen.

Mir fiel sofort die Tasse ins Auge, die sich ein sehr sympathischer Mann genommen hatte. Auf dieser war eine Uli-Stein-Maus drauf, die die Arme in die Höhe riss, und darauf stand wild durcheinander geschrieben: Ja Ja Ja Ja ... das hätte ich sein können, dachte ich mir.

In der Vorstellungsrunde fiel mir dieser Mann erneut auf. Ich spürte sofort einen Bezug zu ihm. Wir waren auf Anhieb auf derselben Wellenlänge. Es war so ein Gefühl von „einander schon immer zu kennen“. Ich dachte schon längere Zeit darüber nach, wie mein „Traummann“ sein sollte, nur dachte ich nicht daran, ihn in esoterischen Kreisen zu finden. Denn das waren zwar alles sehr einfühlsame Männer, aber dann doch keine „richtigen“ Männer – ihr versteht, was ich meine. Ich wollte keinen „Softie“. Aber dieser Mann war echt männlich. Als nun die Vorstellungsrunde an ihm war und er sagte, dass er verheiratet war und zwei Kinder hatte, widmete ich meine Gedanken wieder ganz und gar dem Seminar.

Das ganze Seminar hindurch waren er und ich am Albern. Es war wunderbar. Und so vergingen die Tage und Wochen.

Ich fing an – wenn es passte –, den Menschen Tipps zum Thema „Geistige Welt“ zu geben, und versuchte, ihnen den Sinn des Lebens und ihre Situationen zu erklären. Es machte richtig Spaß und ich fühlte die Energie, die mich durchströmte, wenn ich dies tat. Ich wählte bei fremden Menschen meine Worte sorgsam, nicht so bei meiner Nachbarin, meinen Freunden und Arbeitskollegen.

Das war dann die Zeit, wo sich mein Bekanntenkreis neu sortierte. Ich war so voller Euphorie über die Dinge, die mir tagtäglich passierten, dass mir nicht bewusst war, dass ich andere damit er- und verschreckte.

Tja, und dann stand Weihnachten vor der Tür. Ich machte mir ein schönes Weihnachtsfest und dankte meinen Engeln und all meinen geistigen Helfern für meinen „Weckruf“ und einfach dafür, dass es sie gab.

Ich hatte mittlerweile auch wieder Männer kennen gelernt. Aber es war nie der „Richtige“ dabei. Irgendwann sagte ich zu meinen „Jungs“ da oben, dass ich keine Lust mehr auf die „Falschen“ hätte.

Ich wollte den „richtigen“ Mann für mich. Jemand anderes bräuchten sie mir gar nicht mehr ans Bein zu binden. Zufrieden mit mir hatte ich nun das Gefühl, dass das eine klare Ansage nach oben war. Ich freute mich auf das neue Jahr, denn ich wusste, woher auch immer, dass es ein turbulentes Jahr werden würde.

Nun weiter im Schnelldurchlauf.

Februar 2007
Übungsabend Christalline Energie. Der sympathische Mann war auch dabei und es war wieder wunderschön.

März 2007
Kayo bekam Hodenentzündung. Verdacht auf Tumor.

April 2007
Mit meinem Bekannten besuchte ich weitere Energie-Seminare. Es war sehr schön, mit anzusehen und zu fühlen, wie wir beide harmonierten. Durch sehr merkwürdige Umstände und Einwirkungen von außenstehenden Personen, auf die ich hier nicht näher eingehen kann – es würde den Rahmen des Buches sprengen –, kamen wir zusammen.

Aha, meine klare Ansage vor ein paar Monaten nach oben hatte mir also diesen Mann beschert.

Juni 2007
Für uns war klar, dass wir uns nun nach einem Haus mit geeigneten Praxisräumen und Seminarräumen umsehen sollten.

Wir begutachteten viele Häuser. Eines gefiel mir besonders: Alleinlage und großes Grundstück. Es hatte nur leider keine Seminarräume. Dennoch wollte ich es … Normalerweise bekamen wir immer am nächsten Tag Bescheid, ob wir das Haus haben könnten. Doch dieses Mal ließ die Antwort eine Woche auf sich warten. In dieser Woche hatte ich Zeit, darüber nachzudenken, was ich wollte. Auf der einen Seite war es genau das, was ich schon immer haben wollte, auf der anderen Seite hatten wir keine Räumlichkeiten für Seminare, die wir geben wollten. Also ließ ich es los und bat meine „Jungs“, uns das richtige Haus zukommen zu lassen. Am nächsten Tag erhielten wir einen Anruf vom Immobilienmakler, dass wir das Haus nicht bekommen.

Hinweis: Wichtig ist immer, sich das „Richtige“ zu wünschen. Denn wenn man etwas definiert, woher soll man wissen, ob der oder das dann Richtige für einen ist! Im ersten Moment kann es dann zwar trotzdem sein, dass man meint, nicht das Richtige erhalten zu haben, aber irgendwann später wird es sich vielleicht als solches herausstellen.

Juli 2007

Einige Tage später lasen wir in der Zeitung von einem renovierten Bauernhaus. Das sprach uns sofort an. Wir hinterließen unsere Telefonnummer auf dem Anrufbeantworter und warteten ab. Eine Woche später fanden wir in einer anderen Zeitung wieder ein renoviertes Bauernhaus. Als wir dort anriefen, wurde uns klar, dass es dieselbe Nummer wie die Woche zuvor war. Wieder hinterließen wir eine Nachricht. Wieder bekamen wir keinen Rückruf und suchten weiter.

August 2007

Etwa vier Wochen später kam eine Kundin im Fitness-Studio auf mich zu, sie hätte da eine Telefonnummer von einem Bauern, der ihr das Heu für ihre Pferde liefert, und der hätte ein Bauernhaus zu vermieten. Sie gab mir die Nummer. Zu Hause stellten wir fest, dass es exakt dieselbe Nummer wie schon zweimal zuvor war. Wir riefen wieder dort an und schmissen die Telefonnummer diesmal gleich weg. Siehe da, nach fast einer Woche bekamen wir einen Anruf, dass wir uns das Haus ansehen können. Der Termin war eine weitere Woche später und als der große Tag kam, erhielten wir eine

Absage und eine weitere Terminverschiebung um eine Woche. Als es dann soweit war und wir uns auf den Weg zur Besichtigung machten, waren wir schon sehr gespannt. Schließlich war das Haus dreimal zu uns gekommen. Wir trafen bei besagter Adresse ein und trauten unseren Augen nicht. Es war ein wunderschön hergerichteter Vierseithof. Ein Traum.

Als dann der Eigentümer kam, zeigte er uns zuerst das „Eckhaus“. Das war nicht das, was wir uns vorstellten.

Er meinte, er hätte noch das Bauernhaus, aber das sei zu groß für uns. Wir sagten gleichzeitig: „Nein, genau das wollen wir sehen.“

Bingo! Das war es! Ein richtig großer Garten mit einem separaten originalen alten Backhaus darin. Das würde die Praxis werden. Im Haus war genügend Platz und angrenzend an den Vierseithof gab es nur Wiesen und Felder. Das Eldorado für Kayo. Es war genau das „RICHTIGE“, denn nur zwei Wochen später wurde das anliegende Gebäude auch noch frei. Somit war das nun unser Seminarhaus. Das kann doch alles nicht wahr sein, dachte ich mir. Klappt ja wie am Schnürchen.

Ja, und nun weiß ich auch, warum es so lange dauerte, bis es klappte. Ein Arzt (mittlerweile auch ein sehr guter Freund von uns) hatte die Option auf das Bauernhaus. An dem Wochenende, als endlich der Besichtigungstermin stattfand, hatte er das Haus freigegeben und sich für ein anderes entschieden. Vorher hätten wir es nicht angeboten bekommen und wären wieder gefahren.

Tipp: Bleibt immer im Vertrauen. Es hat schon einen Sinn, warum manche Dinge länger dauern oder aber auch nicht klappen.

Oktober 2007
Ein weiterer Traum wurde wahr. Am 1. Oktober 2007 bezogen wir unser neues gemeinsames Heim.

Mittlerweile spürte ich, dass die Arbeit im Fitness-Studio nicht mehr meine Berufung war. Ich wusste, dass etwas anderes auf mich wartete. Zudem fing auch schon mein Seelchen an, mir Druck zu machen. Anscheinend hatten die es da oben sehr eilig, mir den neuen Weg zu weisen.

Ich bekam in der Arbeit immer öfter, von einer Minute auf die andere, kurzzeitig Halsschmerzen, meine Nase war dann komplett zu und ich hatte Glieder- und Kopfschmerzen. Das fühlte sich wie so eine Art „Grippeanfall“ an. Ich suchte mir dann eine ruhige Ecke und sagte meinem Seelchen, dass ich bald meine Stunden reduzieren würde. Das reichte ihm aber anscheinend nicht. Es hörte mit diesen „Anfällen“ nicht auf.

Es war wieder einmal soweit. Halsschmerzen, Nase zu, Schmerzen im ganzen Körper. Es reichte. Ich ging auf die Toilette im Studio, sah mich im Spiegel an und redete Tacheles mit meiner Seele.

Ich sagte ihr, dass sie mich nicht so unter Druck setzen dürfte und dass ich mich ja schon entschlossen hätte, im Studio weniger zu arbeiten, um zu Hause besser unterstützen zu können. Nun nannte ich ihr auch einen Zeitpunkt, wann ich mit meinen Chefs reden würde, und sie solle mir bitte die Kraft und Energie dafür zur Verfügung stellen.

Ich ging dann kurz nach draußen an die frische Luft und siehe da, alle Symptome, die zuvor wirklich heftig aufgetreten waren, waren urplötzlich weg. Kein Scherz!

Was war passiert?

Ich hatte mich entschlossen zu handeln und hatte meiner Seele einen Zeitraum mitgeteilt. Seelen lassen sich auf Verhandlungen ein. Nur enttäuschen darf man sie nicht! Denn sie sitzen einfach am längeren Hebel.

Das Gespräch mit meinen Chefs verlief nicht ganz so gut. Wir einigten uns darauf, dass ich erst einmal nur um ein paar Stunden reduzieren würde und bis Ende des Jahres vielleicht nur noch halbtags arbeiten wollte.

Das war aber nicht im Sinne meiner Seele und im Gesamtplan unseres Seelenverbundes. Es ereigneten sich Situationen, die unter „normalen" Umständen nie eingetreten wären. Es kam zu Streitereien und ich ging im beiderseitigen Einverständnis zum 1. April 2008.

April 2008

Wir eröffneten unser erstes Seminarhaus. Alles ging Schlag auf Schlag.

Es war schon ein eigenartiges Gefühl, selbstständig zu sein, und alles andere als einfach für mich. Nun musste ich mich erst mal noch mehr um die „normalen" Dinge im Leben kümmern: Krankenversicherung, Finanzamt, Behörden usw. Es war ein Gräuel. Ich brauchte lange, bis ich meine „Freiheit" im Griff hatte. Es kamen neue Herausforderungen auf mich zu. Es gab abermals Höhen und Tiefen.

Auf der einen Seite hatte ich die gesamte Büro- und Seminarorganisation zu bewältigen und auf der anderen Seite Haushalt/Garten und meine Ausbildung zur Tierheilbehandlerin, die ich immer noch nicht abgeschlossen hatte. Ich wollte meine eigenen Interessen nicht wieder vernachlässigen. Der Drang, Tieren zu helfen und mit ihnen zu kommunizieren, wurde immer stärker.

Die Seminare liefen gut an. Den Menschen gefielen die Umgebung im Grünen, unser Seminarhaus und die Meditationen. Dennoch sagte ich zu meinen geistigen Freunden, dass noch zu wenige Menschen zu uns fänden. Vorne auf der Hauptstraße gab es nur ein kleines grünes Hinweisschild auf den Ort, das bei hohem Gras zugewachsen ist und somit nicht mehr lesbar ist.

Das wiederholte ich ein paar Mal innerhalb von 14 Tagen für meine „Jungs“ da oben, bis wir die Einzigen auf der ganzen Strecke waren, die ein riesengroßes gelbes Hinweisschild bekamen und auch noch ein kleines grünes Ortsschild direkt am Haus. Das klappte ja prima, dachte ich mir grinsend. So – aber nun war da auch noch die Zeitungswerbung.

Wir wohnten hier an einem Ort, den man einen Weiler nennt. Das heißt, unser Örtchen besteht aus etwa fünf, sechs Häusern. Das wiederum bedeutet, dass wir keine Lokalzeitung bekommen. Die kann man sich im nächsten Ort in einem kleinen Gemischtwarengeschäft mitnehmen, da sie kostenlos ist. Also dachte ich mir, es wäre doch schön, wenn man da auch noch etwas machen könnte, und schickte meinen Wunsch mit einem Zwinkern nach „oben“. Prompt bekamen wir eine Woche später eine Zeitungsbox an unserem neuen Ortsschild montiert, aus der man sich direkt die Zeitung mitnehmen konnte.

Das mit dem Manifestieren klappt wirklich superschnell. Tja, wenn man sich einmal auf den Weg gemacht hat, bekommt man eben auch praktische Unterstützung von oben.

Zwischendurch versuchte ich immer wieder, für meinen Tierheilpraktiker zu lernen, und als ich die ersten Seminare über Geistheilung mitmachte, wusste ich, dass ich mit den geistig-seelischen Methoden bei den Tieren viel mehr bewirken konnte als mit den herkömmlichen Methoden. Also probierte ich alles, was ich gelernt hatte, zuerst einmal an mir, an Kayo und an Hunden von Freunden aus. Und siehe da, es funktionierte wunderbar.

Das gab mir so viel Auftrieb, denn nun wusste ich, dass ich meinen Weg gefunden hatte. Ich war überglücklich. So konnte ich den Tieren wirklich helfen.

Februar 2009
Wir verlobten uns.

Die Organisation und die Büroarbeit wurden immer umfangreicher und ich jonglierte zwischen zwei Welten. Es fügte sich, dass immer mehr Leute auf uns zukamen, die Seminare und Workshops bei uns anbieten wollten. Für meine Bewusstseinserweiterung war also bestens gesorgt. Ich nahm an vielen guten Seminaren teil, die bei mir sehr viel ins Reine brachten, und nach und nach lernte ich so auch meine geistigen Helfer besser kennen.

Von einem besonderen Erlebnis möchte ich euch kurz erzählen.

Es fing damit an, dass ich abends so zwischen 17 und 19 Uhr jeden Tag starke Halsschmerzen bekam. Aus meinem bisherigen Leben kannte ich bereits zur Genüge, wie sich Halsschmerzen anfühlen. Doch diese waren anders.

Es war so, als wäre mein gesamter Mund- und Rachenraum wund. Ich hatte sogar unter der Zunge Schmerzen, die so brannte, als ob alles offen wäre. Keine Globuli halfen und auch keine energetischen Behandlungen, was sehr merkwürdig war, hatten diese mir doch bisher immer zumindest Linderung verschaffen können.

Auch sehr merkwürdig war, dass die Schmerzen bis spätnachts anhielten und bis zum Morgen und auch tagsüber sehr erträglich waren. Kaum war es aber wieder so zwischen 17 und 19 Uhr, fingen diese höllischen Schmerzen des Wundseins wieder an. Niemand hatte eine Erklärung dafür. Ich war am Verzweifeln. Das ging nun seit sieben Tagen so. Jeden Tag dasselbe „Spiel“. Genau nach einer Woche, es war ein Donnerstagabend, machten wir eine „Akasha-Chronik“-Meditation (in der Akasha-Chronik ist alles Wissen gespeichert). In dieser Meditation sollte ich erfahren, was es mit meinen Halsschmerzen auf sich hatte.

Ich sah Bilder. Ich sah mich als jungen Mann, umringt von Leuten mit Fackeln in der Hand. Einige von ihnen hielten mich fest, ein anderer steckte mir einen Trichter in den Mund und wiederum ein anderer schüttete mir kochend heißes Wasser in den Mund. Ich fing an zu heulen, als ich diese Bilder bekam. Ich wusste, meine Seele würde nun etwas aufarbeiten. Und so war es dann auch. Die Schmerzen im Mund wurden leichter und gingen schließlich ganz weg.

Was es nicht alles gibt, dachte ich. So viel zu Symptomen und Krankheiten.

Im Übrigen war es für mich sehr lehrreich, dies erfahren haben zu dürfen, denn später konnte ich mit diesem Wissen Menschen helfen.

Juni 2010
Energetische Hochzeit im Rahmen eines sehr schönen Rituals zur Aktivierung des Metatronwürfels in unserem Garten.

Ich fragte mich immer wieder, wann ich denn nun meine Zeit zur Gänze den Tieren widmen könnte, denn das ist ja meine zweite Lebensaufgabe. Bisher hatte ich das nur nebenbei gemacht, zwischen Tür und Angel, denn ich kam einfach aus der Büro- und Seminarorganisation nicht heraus. Ich war ständig mit Aufräumen und Organisieren beschäftigt. Etwas drängte mich aber immer mehr und mehr dazu, mich nun endlich zu verwirklichen. Ich tat es aber nicht, ich blieb immer an meinem Verantwortungsbewusstsein den anderen gegenüber hängen.

September 2010
Wir entschlossen uns, vier Wochen Urlaub in Sri Lanka zu machen. Ich hatte Kayo gegenüber ein sehr schlechtes Gewissen: Wer sollte auf ihn aufpassen? Wir waren noch nie vier Wochen voneinander getrennt gewesen. Die Tatsache, dass wir ihn bei sehr guten Freun-

den unterbringen konnten und mein Ex-Lebensgefährte (mit dem ich Kayo aus der Türkei mitgebracht hatte) gleich in der Nähe wohnte, ließ mir meine Entscheidung leichter fallen.

Oktober 2010

Als wir Anfang Oktober wiederkamen, erkannte ich Kayo fast nicht mehr, er hatte etliche Kilos abgenommen und wollte die Stufen zur Wohnung meiner Freunde nicht mehr hochgehen. Er hustete. Wir fuhren in die Tierklinik und dort wurde eine dilatative Kardiomyopathie festgestellt. Der Tierarzt gab Kayo noch cirka drei Monate. Ich war fertig, mir war nur noch zum Heulen zumute. In meiner Verzweiflung gab ich Kayo die Tabletten, die wir vom Arzt verschrieben bekommen hatten. Kayo ging es besser. Ich freute mich und dachte, es ginge aufwärts. Doch nein – Kayos Seele gab uns die drei Monate, damit ich mich auf sein „Fortgehen" vorbereiten konnte.

Es tat so unheimlich weh. Ich konnte mir ein Leben ohne ihn nicht vorstellen. Er tröstete mich beim Spazierengehen und sagte zu mir, dass ich nichts verlieren würde – sondern ich würde etwas dazu gewinnen. Ich sagte ihm, dass er leicht reden hätte, er ginge ja und ich bliebe zurück. Immer wenn es um das Thema Kayo und Sterben ging, fiel ich völlig in mich zusammen. Es war einfach schrecklich. Hatte ich doch so eine starke Verbindung zu ihm.

Es war Ende Oktober 2010, als ich wieder einmal traurig dasaß. Da erschien mir Kayo in einer Meditation. Er stupste etwas vor sich her und dieses „Etwas" rollte zu meinen Füßen. Es war ein kleiner schwarz-weißer Welpe. Er sah aus wie ein Dalmatiner. Kayo saß in seiner vollen Größe vor mir und sagte: „Schau, wenn du etwas zum Herzen, Liebhaben und Knuddeln haben möchtest, dann nimm den hier", und er zeigte auf den Welpen, „für alles andere bin ich immer für dich da!"

Oh, wie er mich kannte! Na ja, er hatte in seinem Leben schon so einige Knuddelattacken über sich ergehen lassen müssen. Mein erster Gedanke an einen anderen Hund erschreckte mich jedoch. Ich wollte doch Kayo haben. Der zweite Gedanke ließ mich schon ruhiger werden. Woher sollte ich wissen, dass es dann der „richtige" Hund war? Mir wurde ein großer Fleck an der rechten Flanke gezeigt, daran würde ich ihn erkennen. Er würde an einem 16. geboren werden und sein Name sei Sirius. Ich bekam keinen Monat und keine Jahresangabe. Das hätte mich schon stutzig werden lassen sollen. Na ja, dachte ich mir, wir werden sehen, vielleicht kommt Kayo ja gleich wieder, und tröstete mich erst einmal damit.

Kurzer Zwischenstopp:
Als mir Covervorschläge mit verschiedenen Hunden für mein Buch gezeigt wurden und ich den Entwurf mit dem schwarz-weißen Hund sah, fiel mir der Dalmatiner wieder ein, den Kayo mir als Welpe gezeigt hatte. Der Hund auf dem Cover zwinkerte mir zu und ich wusste sofort – das war es! Wenn ich ihn mir so ansehe, meine ich, einen Teil von Kayos Seele zu spüren.

Oktober bis Dezember 2010
In den drei Monaten zeigte Kayo mir immer wieder Bilder von gemeinsamen früheren Leben. Einmal waren wir ein Liebespaar, glücklich vereint bei den Mayas oder Inkas (so genau konnte ich es nicht definieren). Es war wunderschön.

Ein anderes Mal zeigte er sich mir als mexikanischer Junge namens Renardo (ich nannte ihn einmal so, als er schlief, woraufhin er seinen Kopf anhob und mich ansah). Damals war ich als Hund inkarniert. Irgendwann einmal musste der Junge für eine Zeit weg und als er wiederkam, war ich weg. Der Junge hatte das nie überwunden. Trennung war also schon von jeher ein Thema für uns.

Ein anderes Mal war ich ein junges Indianermädchen und er mein Pferd. Auch da waren wir unzertrennlich.

Es tat so weh, ihn schon wieder verlieren zu müssen.

Januar 2011

Der 1.1.11 war der bisher traurigste Tag in meinem Leben. Mein treuer Gefährte Kayo ging ins Licht. Er hatte mich elf Jahre und acht Monate begleitet.

Tags darauf wollte ich die Treppe ins Erdgeschoss, wo Kayo verstorben war, nicht hinuntergehen. Ich konnte nicht. Als ich im Gang vor dem Schlafzimmer saß, bemerkte ich zu meinen Füßen einen kleinen, angemalten Stein. Es war ein Stein unter 23 anderen Steinen. Mein Mann hatte mir diese bemalt und als Adventkalender jeden Tag einen Stein gegeben. Das Wundersame daran ist, die Steine lagen im Schrank, da konnte keiner herausfallen.

Auf diesem Stein war ein Schmetterling. Der Schmetterling steht unter anderem für die Transformation. Ja, das hatte er gesagt. Es wird eine Transformation für ihn und für mich sein, wenn er geht.

Eine sehr gute Freundin von uns, die sich sehr gut mit Aura Soma und den Zahlen auskennt, hat mir folgendes geschrieben:

„Da Kayo am 1.1.2011 gestorben ist, hat es eine Bedeutung. Es ist wieder die 6 und wieder ist es die Nummer und der Tag des Herzens, das hat er Euch zum Geschenk gemacht. Der Hüter der Herz-Akademie geht an einem Herztag und lässt die Liebe und die Herzensenergie bei Euch zum Weitergeben.

Ja und die 11 (Jahre) ist die Zahl der ägyptischen Einweihungen und die 8 (Monate) ist die Zahl des Anubis im Tarot. Und 22 ist die doppelte 11 und die Wiedergeburt und die 10 das Rad des Schicksals. Nur so viel zu seinen Zahlen, die seinen Weg ins Licht zeichnen.“

Interessant, wie das alles zusammenpasst! Immer wieder berichteten mir verschiedene Heilarbeiter, dass sie Kayo in Ägypten sahen und er stark die Energie des Anubis dabei hatte.

Die Zeit ohne Kayo war sehr schlimm für mich. Ich hatte keinen mehr, der mir Kraft gab und mich tröstete, wenn es mir wieder zu arg wurde. Schnell kam die Zeit, wo ich unbedingt einen Hund brauchte. Ich wollte Kayo wiederhaben. Ich recherchierte im Internet und las über Anubis und Sirius nach. Sirius ist der hellste und größte Stern am Himmel im Sternbild „Großer Hund". Auf einer anderen Seite las ich, dass die Energie von Sirius gleichzusetzen ist mit der von Anubis! Also doch, dachte ich, ich werde einen Teil von Kayo wiederbekommen. Dann kam ich irgendwie „zufällig" auf die Menü-Option „Bilder" bei Google und das erste Bild zeigte zwei Ägypter in der Seitenansicht, gefolgt von einem schwarz-weiß-gefleckten Hund. Ich klickte darauf und da stand, dass bereits im alten Ägypten Dalmatiner mit den Menschen zusammen lebten.

Ich suchte mir Züchter, sah mir Dalmatiner an, aber ich spürte, dass es nicht richtig war, wenn ich mir jetzt auf Biegen und Brechen einen Hund nahm. Tief in mir wusste ich, wenn der Zeitpunkt für einen neuen Hund gekommen ist, wird er da sein.

Aber … es kam kein Hund, nein … die Geistige Welt schickte mir ein Pferd!

Warum, wollt ihr wissen?

Das kann ich euch sagen: Weil ich es immer noch nicht geschafft hatte, alle Qualitäten von Kayo auch in mir zu finden, unter anderem die Liebe zu mir selbst. Ich hätte mich wieder an den neuen Hund rangeschmissen und bei ihm Trost, Liebe, Halt und Festigkeit gesucht. Das wäre kein Entwicklungsschritt für mich gewesen. Kayo erschien mir nach seinem Übergang in einer „Lebensfreudemeditation", die ich komplett durchheulte, und er meinte, das, was ich in ihm gefunden hatte, wäre auch alles in mir – und das gälte es zu finden. Das wäre zu meiner Transformation.

Daraufhin beschloss die Geistige Welt, stärkere Geschütze aufzufahren und mir ein Pferd zu schicken. Und so trat Lina in mein Leben. Im wahrsten Sinne des Wortes, wie wir gleich erfahren werden.

Es war Februar 2011. Meine Freundin erzählte mir, dass es im Stall, wo ihr Pferd untergestellt war, zwei Fohlen gab. Die Fohlen waren nicht dort geboren worden, sie waren von einem anderen Stall hinzugekommen. Das eine Fohlen hätte ein braunes und ein blaues Auge und hieße Lina. „Blaues Auge, das hört sich doch interessant an", dachte ich mir. Da auch meine Freundin mit Tieren sprechen konnte, fragte ich sie, was denn das Fohlen so sagen würde. Meine Freundin meinte, dass sie keinen Zugang zu ihm bekäme. Okay, interessant, dachte ich und fuhr mit zum Stall.

Dort angekommen, sah ich bereits ein Fohlen, das hatte aber kein blaues Auge. Ich fragte, wo denn Lina sei. Meine Freundin deutete auf ein Pferd vor mir, das fast genauso groß war wie die ausgewachsenen. Ne, oder – die Große?

Sie holte die Stute von der Weide und nun stand sie vor mir. Ja und dann sah ich ihr Auge und verlor mich für einige Sekunden darin. Ich befand mich im Kosmos. Ich fühlte Freiheit und Leichtigkeit. Es war eine unendliche Tiefe zu spüren und ich war mittendrin.

Es war ein Gefühl des puren Seins. Sekunden später kam ich wieder zurück und ich wusste, dass diese Stute etwas Besonderes war. Sie wird vielen Menschen mit ihren Energiequalitäten helfen, dachte ich, mehr bekam ich zu diesem Zeitpunkt auch nicht. Ich streichelte sie und fuhr dann nach Hause. Meine Freundin erzählte mir, dass sie sich um Lina kümmern wollte, solange sie noch keinen Besitzer hatte. Der Eigentümer des Hofes hatte sie zusätzlich zu seinen anderen beiden Pferden mitgenommen, weil sie angeblich ein „Weideunfall" war. In ihrem Pass steht Großpferd, Rasse unbekannt, Vater und Mutter unbekannt, sozusagen vom Himmel gefallen!

Am nächsten Tag, ich saß in einer Meditation im Seminar, stand Lina in Gedanken vor mir. Sie stand da in einer unglaublich strahlenden Schönheit, den Kopf hoch erhoben. Sie strahlte so viel Selbstbewusstsein, Überlegenheit und Allwissenheit aus. Dann ging alles sehr schnell. Ich bekam den Namen „Viranda", ein Symbol und sie sagte: „Ich bin ein Sternenwesen, gekommen, um die männlichen und weiblichen Aspekte in Ausgleich zu bringen." Ich spürte ihre Seele – sie war wie ein Sternenschweif am Himmel, mit viel Silberglitzer. Dabei kamen mir die Tränen vor lauter Glückseligkeit. Dann sah ich sie an verschiedenen Plätzen stehen. Aha, das ist ein Pferdchen, das einmal viel weitergegeben werden wird, dachte ich. Ihre Energiequalitäten bekam ich auch noch: Struktur, Klarheit und Ordnung.

Nach der Meditation war ich so gerührt, dass ich sofort meine Freundin anrief, um ihr das eben Erlebte mitzuteilen. Ich meinte noch, dass Lina hoffentlich in die richtigen Hände kommt.

Dann war da noch das Symbol. Ich fand es in keinem der Bücher. Mein Blick fiel auf einige Kartensets. Ja, und da fand ich nun das Symbol, im Kartenset vom Sternensystem Antares.

Es ist das Symbol Oschua und die Bedeutung ist:

Kommunikation mit höheren Wesenheiten aus dem Kosmos.

Ich war platt … wow!!!! Das passte ja wieder einmal alles zusammen.

Meine Freundin kaufte das Pferd. Immer wenn ich Zeit hatte, half ich ihr, es zu putzen und auszuführen. Sehr schnell kam der Zeitpunkt, als sich die Geistige Welt entschied, dass es mein Pferd werden sollte. Ich nahm meinen Mann mit in den Stall zu Lina und irgendetwas in mir (ich war's nicht) sagte: „Nehmen wir es?!" und er sagte, wie aus der Pistole geschossen: „Ja." Daraufhin fragte ich ihn: „Was ja?“ „Ja, wir nehmen es oder magst du es jetzt nicht mehr?“, fragte er mich. „Ich … ich … ich … ich weiß nicht, ob ich ein Pferd mag.“ Nein, eigentlich wollte ich einen Hund, was will ich mit einem Pferd? – Und schon hatte ich es.

Ihr seht, die Tiere suchen sich die Menschen aus, nicht andersrum.

Ich fragte Lina, ob wir miteinander klarkommen werden, sie meinte, ja, aber sie wird auch ihren Körper ausprobieren, weil sie den ganz klasse findet. Das hat sie dann auch gemacht. Einmal, als sie die Nase vom Reitplatz voll hatte, riss sie die Bänder aus der Verankerung des Tores und lief wieder zum Stall zurück. Das war dann der Zeitpunkt, als ich beschloss, dass der Name Viranda noch nicht zu ihrer Energie passte. Sie war und ist immer noch eine Lina.

Als ich mich später einmal mit meinem Mann unterhielt, meinte er, dass er das Pferd nicht gekauft hätte, wenn er gewusst hätte, dass man es noch nicht reiten kann. Eigentlich weiß er aber, dass Pferde erst mit vier bis fünf Jahren geritten werden können. Ja, es ist schon sehr merkwürdig, wie die Tiere zu uns kommen.

Ach ja, und was, glaubt ihr, hat sie an ihrer rechten Flanke? Ein großes braunes Herz! Das fiel mir aber erst später auf.

Nun habe ich ein Pferd an meiner Seite und wieder ein Tier in XXL-Ausführung. Tja, da ist nichts mit Kuscheln und Drücken, so wie ich es mit Kayo gemacht hatte.

August 2011

Da die Büro- und Seminarorganisation immer umfangreicher wurde und ich noch weniger Zeit hatte, mich um die Tierheilpraxis zu kümmern und somit meinem Seelenplan zu folgen, kam es, wie es kommen musste. Zwischen meinem Mann und mir kriselte es. Unsere Beziehung litt unter meiner Unzufriedenheit und seiner mangelnden Kommunikation und Zeit für uns. Bis zu dem Tag, der wiederum alles in meinem Leben verändern sollte. Die Prozesse, die folgten, waren sehr, sehr schmerzlich für mich, denn ich begriff sie nicht gleich, sondern war sehr enttäuscht und verletzt. Mein Partner zeigte mir mit seinem Verhalten auf, dass ich immer noch nicht zu mir hielt und mich ständig selbst belog, was mich und meine Belange betraf.

Später sollte ich noch erfahren, dass diese Situation, in die er mich brachte (wie einige Ex-Partner zuvor auch schon), für mich und meine gesamte weibliche Ahnenreihe eine Chance war, endlich energetische Verstrickungen auflösen zu können.

September 2011

Ich fühlte, dass es so nicht weitergehen konnte. Aber wieder machte ich keine Anstalten, mich nun endlich um mich zu kümmern. Eine Bronchitis hätte mir die Zeit für mich gegeben, einmal auszuruhen und nachzudenken. Nein, ich wollte nicht, ließ mir eine hochdosierte Vitamin-C-Infusion geben und war abends wieder fit. Ich konnte also weiter im Bürotrott arbeiten und von mir ablenken.

Hinweis:

Die Erfahrung zeigt, wer die Zeichen seines Körpers missachtet, bekommt es manchmal „heftiger“ zu spüren!

Einen Tag später, am 10. September 2011, half Lina nach. Sie trat mich in die Erkenntnis. Beim Heimführen vom Reitplatz stieg sie mir so in die linke Ferse, dass ich eine große, klaffende Platzwunde hatte. Die Innenbänder und die Achillessehne waren stark gezerrt und das Sprunggelenk sowie das Fersenbein stark gequetscht. Ich wurde im Krankenhaus genäht und sollte vier Wochen lang nicht auftreten können. Zeit genug, um über mich und meine Situation nachzudenken. Da half auch keine Infusion!

Abermals auf der Couch liegend, begann ich zu analysieren:

Die linke Seite zeigte mir, dass es sich um mich, um mein Innerstes handelte. Die Platzwunde zeigte mir die Trennung von Altem und Neuem; die Bänder und Sehnen stehen für den Halt und die Festigkeit, die ich bei mir nicht fand; das Sprunggelenk für die fehlende Flexibilität; die Achillessehne steht für die verletzbarste Stelle im ganzen Körper oder auch dafür, nicht nachzukommen, nicht schnell genug zu sein; die Schwellung bedeutet, nicht im Fluss des Lebens zu stehen (Lymphe); und das Bein als Ganzes, nicht auf eigenen Beinen stehen zu können. Denn zum Stehen ohne fremde Hilfe (in diesem Fall die Krücken) war ich mit einem Bein nicht in der Lage. Das linke Bein bedeutet, nicht für sich einstehen zu können.

Ja, das passte alles zu mir. Wenn ich in einer Partnerschaft stand oder eben solange ich auch meinen Hund hatte, suchte ich immer Halt und Festigkeit bei meinen Partnern oder eben beim Hund. Meine Flexibilität mir gegenüber schränkte ich mit meinem Verantwortungsbewusstsein für andere und meinem Ordnungssinn ein. Die Achillessehne, die verletzbarste Stelle im Körper, war die Situation, mit der mich mein Partner verletzt hatte, aber auch nicht meinen eigenen Bedürfnissen nachkommen zu können. Nicht auf eigenen Beinen stehen zu können, stimmte auch bei mir, denn ich hatte mich in eine finanzielle Abhängigkeit begeben.

Ja, das konnte ich in den vier Wochen erkennen. Die Erkenntnis war schon mal gut, aber es reichte noch nicht, ich konnte noch immer nicht auftreten.

Es wurde nicht besser, also war da noch etwas. Warum verfiel ich immer wieder in ein altes Muster, wenn ich in einer Partnerschaft steckte? Warum gab ich immer meine „Macht“ ab, fragte ich.

Achtung, das war ein Auftrag nach „oben“!

Tags darauf klingelte per „Zufall“ ein guter Freund an der Tür. Er war ein Meister darin, Partnerschafts- und Beziehungsprobleme zu analysieren. Nach einer Stunde war ich soweit.

Fazit: Ich hatte noch „Leichen“ im Keller: alle meine bisherigen Partner, denen ich anscheinend nicht wirklich verziehen hatte (und mir natürlich auch nicht).

So, und das wiederum hätte ich nicht geglaubt, wäre nicht am Tag zuvor eine Situation aufgetreten, wo eine deutliche Emotion meiner allerersten Liebe gegenüber zu Tage kam.

Eine Freundin fuhr mich zum Arzt, weil die restlichen Fäden von meinem Erkenntnistritt zu ziehen waren. Danach lud ich sie zum Essen ein. Ich humpelte zwischen den Stühlen und Tischen durch, als ich plötzlich erstarrte. An einem Tisch in diesem Lokal saß doch glatt mein allererster Freund und ich merkte, wie in mir immer noch Emotionen hochkamen, die ich hier nicht näher beschreiben möchte. Er hatte mich damals wegen einer anderen von heute auf morgen sitzen lassen und sagte es mir nicht einmal. Ich erfuhr es durch andere. Es war eine sehr schlimme Erfahrung für mich gewesen. Ich magerte auf 43 kg ab und fand mich im Krankenhaus wieder.

Zurück zu meinen „Leichen“.

Nun gut, also machte ich eine Verzeihungsmeditation. In diesen Meditationen kommt üblicherweise immer eine Person, die sich dir nähert. Das macht man so lange, bis man diese Person in reiner, bedingungsloser Liebe umarmen kann. Oje, so was kann Monate dauern. Also ran ans Werk!

Da bei mir alles schneller ging, waren in meiner Meditation meine drei Ex-Lebenspartner, mein Vater, mein verstorbener Hund Kayo und ein Einhorn gleichzeitig da! Mächtig viel los, dachte ich.

Dass mein Hund mit dabei war, ließ mich nachdenken. Ich dachte, ich hätte dasselbe Muster immer nur in Abhängigkeit von einem Mann, und warum war mein verstorbener Vater da? Ich überlegte, und auf einmal war es klar. Wieder die Selbstliebe. Ich gab allen Männern immer ganz viel Liebe (oder eben auch die Macht ab), bis sie sich von heute auf morgen abwendeten. Warum? Unbewusst forderte ich ihre Liebe ein.

Ich hatte mir doch mit meinem Mann den Richtigen gewünscht!

Ja, im höheren Sinn war er auch der Richtige, er hat mir mein Thema aufgezeigt, das ich immer noch mit mir habe. Und er war genau der Richtige, weil ich das von allen anderen erwartet hätte, nur nicht von ihm. Er hat sich also zur Verfügung gestellt, mir das noch einmal aufzuzeigen. Sicherlich hat das auch mit seinen eigenen Themen zu tun, deshalb hatte er ja auch mich als Partnerin an seiner Seite. So hat auch er die Möglichkeit gehabt, daran zu „wachsen".

Ja, doof ist nur immer, dass man sich an seine Seelenabsprachen nicht mehr erinnern kann (siehe dazu das Buch: „Die kleine Seele spricht mit Gott" von Neil Donald Walsh) und somit nicht mehr weiß, welche Erfahrungen man hier in diesem Leben machen wollte.

Grundsätzliches dazu:

Man bekommt immer den Partner an seine Seite, der einen im Leben voranbringen kann. Entweder schaffen es beide gleichermaßen, die eigenen Themen zu erkennen und daran zu wachsen, oder die Entwicklung beider Parteien schreitet unterschiedlich voran. Das kann daran liegen, dass jeder in seinem eigenen Tempo vorangeht oder aber die Schuld immer bei anderen sucht und somit vor seinen eigenen Themen flüchtet.

Nun, diese Bewusstseinsschritte geschehen bei dem einen schneller, bei dem anderen langsamer und bei manchen gar nicht. Dann kommt es früher oder später zur Trennung. Ja, und dann gibt es noch die Paare, die bis an ihr Lebensende glücklich miteinander sind. Sie gehen die Bewusstseinsschritte miteinander.

Wieder zurück zu mir.

In einer anderen Meditation sah ich meine Eltern, sie standen sich gegenüber und ich spürte das Verlangen meiner Mutter nach der Liebe meines Vaters, er stand ganz fest da, wie ein Fels in der Brandung; ich spürte ihre tiefe Traurigkeit darüber, die Liebe, die sie von ihm erwartete, nicht zu bekommen. Meine Mutter sagte immer, die Frauen in unserer Familie hätten kein Glück mit Männern. Ich war immer fest davon überzeugt, dass ich schon Glück hätte … tja, leider war es dann doch nicht so.

Da wurde mir klar, dass alle Frauen in meiner Ahnenreihe das Thema mangelnde Selbstliebe haben, und im Seelenverbund ist es jetzt an mir, es aufzulösen.

Ja, und mein Hund Kayo war in der Meditation da, um mir aufzuzeigen, dass es nicht „typisch Mann“ ist. Wären nur Männer in meiner Meditation gekommen, könnte man denken, das Betrügen mit einer anderen Frau eben für einen Mann typisch ist. Der höhere Sinn dahinter ist wichtig zu verstehen. Was will mir das sagen? Ich hätte das nun als selbst betrügen abtun können, aber hier ging es ja um die bedingungslose Liebe und Selbstliebe, die ich nicht hatte, deshalb waren Kayo und mein Vater in der Meditation da. Das war wichtig für meine Erkenntnis und die weiteren Schritte des Verzeihens.

Bisher können nur die Tiere und vielleicht auch ganz wenige erleuchtete Menschen uns die bedingungslose Liebe zeigen und geben. Es ist an uns, diese wieder zu finden und zu leben. Da ist die Selbstliebe schon mal ein guter Anfang.

Jetzt wusste ich auch, warum ich mit dem Buchtitel „Wenn du dich selbst liebst, ist es egal, wen du heiratest" in Resonanz ging. So ein Schmarren, dachte ich, da gehören ja wohl zwei dazu.

Ja, aber den anderen kannst du nicht ändern. Du darfst bei dir selbst anfangen und dann ziehst du nur das Beste in dein Leben. Es ist wirklich so. Wenn du in deiner Selbstliebe bist, hast du keine Resonanzfläche mehr, somit braucht dir das keiner mehr aufzuzeigen und der nächste, „richtige" Partner kann in dein Leben treten.

Nun wusste ich es ganz genau, was ich zu tun hatte: mich wieder selbst zu lieben. Dazu gehört, nicht im Außen zu suchen, sondern im Innen. Dazu gehört, meine Bedürfnisse zu stillen, nicht die der anderen. Das bedeutet, mir selbst zu vertrauen, zu mir zu halten und auf eigenen Beinen zu stehen.

Ich ging nochmals in die Meditation und umarmte meine Männer, Kayo sprang zufrieden umher und meine Eltern umarmten einander ebenfalls.

Ich versprach mir: Wenn ich wieder laufen kann, kümmere ich mich um mich und beginne meine Tierheilpraxis ins Leben zu bringen und mein Buch hier fertig zu schreiben.

Oktober 2011

Wir hatten zweimal im Jahr „Heilende Tage", die den Dozenten, die bei uns Seminare abhielten, die Gelegenheit gaben, sich und ihre Kurse vorzustellen. Während der „Heilenden Tage" finden Erdheilungsrituale, eine große Gruppenheilung und Schnupperheilbehandlungen statt.

Ich hatte wieder Zweifel an mir. Was, wenn ich so in der Organisation feststeckte, dass ich, wenn mich jemand nach einer Tierkommunikation fragen würde, ich vielleicht nicht in der Lage wäre, Botschaften zu empfangen? Verunsichert trug ich kein Namensschild und somit stellte ich mich nicht für Schnupperheilbehandlungen zur Verfügung.

Ich hüpfte auf Krücken ins Seminarhaus und hörte mir den Vortrag einer Freundin an. Sie hat Kontakt zu Verstorbenen. Als sie da so mit diesen und den Menschen im Publikum sprach, hörte ich immer wieder ihren Hund reden. Er lag in seinem Körbchen neben dem Rednertisch und bestätigte sie in ihrer Verbindung zur Geistigen Welt und … in meiner! Meine Freundin hat das gleiche Problem, sich immer wieder nicht zu vertrauen – obwohl ihre Aussagen bei jedem Einzelnen den Nagel auf den Kopf treffen.

Ich musste schmunzeln. Plötzlich visierte ihr Hund mich aus all den Zuschauern an und forderte mich auf, mir endlich zu vertrauen, und sagte: „Und du kannst das auch!"

„Ja, das stimmt!", sagte ich zu mir selber. Nach dem Vortrag hüpfte ich auf Krücken zurück ins Büro, mit dem Entschluss, mir endlich zu vertrauen und zu mir zu halten.

Ich muss noch vorwegnehmen, dass ich vier Wochen lang den linken Fuß nicht belastet hatte, weil meine Achillessehne durch den Bluterguss verklebt und schon nach kurzer Zeit verkürzt war. Die Platzwunde verlief genau über der Achillessehne. Versuchte ich sie leicht zu dehnen, platzte die Wunde wieder auf und tat weh.

Auf den Zehenballen konnte ich auch nicht auftreten, da es sich sofort wie tausend Nadelstiche anfühlte, die meinen Fuß durchdrangen, und ich nicht den kleinsten Druck aushalten konnte. Ich probierte einmal, meinen gesamten Fuß vorsichtig aufzusetzen, das ging aber auf Kosten meines Außenbandes, das mit einem intensiven Stich auf einmal fürchterlich schmerzte. Ein Auftreten war definitiv nicht möglich! Somit hatte ich bereits eine Spitzfußhaltung.

Einen Tag zuvor hatte mich eine liebe österreichische Ärztin, die auch mit Energien arbeitet, behandelt. Sie und ihre Schwiegermutter, ebenfalls eine Ärztin, hatten meinen Fuß noch mit Massagen und Salben versorgt. Auch mein behandelnder Arzt war vor Ort. Alles hatte sehr gut getan, aber ein Auftreten war nicht möglich.

Zurück zu meinem Entschluss, mein Vorhaben ins Leben zu bringen. Ich befestigte meine Visitenkarte als Schildchen deutlich sichtbar an meinem Pullover und druckte auch Ankündigungen für mein Tierkommunikationsseminar aus. Ich hatte aber immer noch Bedenken, wie ich es finanziell schaffen würde, wenn ich mich nur noch auf die Tiere konzentrierte. Wie schon so oft in meinem Leben kamen wieder finanzielle Ängste hoch. Aber es war immer irgendwie weitergegangen, also setzte ich den Gedanken auf ein rosa Wölkchen und ließ ihn fortziehen. In diesem Augenblick sah ich, dass alle drei Anrufbeantworter blinkten. Wieder war da auf einmal der Drang, alle abzuhören und die Telefonate zu erledigen. Nein, sagte ich zu mir, du gehst jetzt hinaus und bietest dich für Tierkommunikationsgespräche an. Irgendwas in mir ließ mich dann aber doch den Anrufbeantworter des privaten Telefons abhören, auf dem zwei Nachrichten waren. Ja, und da war eine Botschaft meiner geistigen Begleiter darauf. Die technische Dame begann ihre Nachricht mit der Zahl 908. Ich bat eine Freundin, mir das Zahlenbuch der Engel zu holen.

Die Nachricht lautete:
Gott sorgt dafür, dass deine Bedürfnisse großzügig erfüllt werden, während du dich voll der Erfüllung deiner Lebensaufgabe widmest.
(Aus „Die Zahlen der Engel“ von Doreen Virtue, Ullstein Verlag)

Wow! Ich las die Botschaft, stand auf und stand auf meinen eigenen Beinen!!

Ich konnte es nicht fassen und setzte mich wieder. Die Energieblockade war gelöst!

Ich erzählte und zeigte es allen, die zu mir ins Büro kamen. Kurz darauf kam die Ärztin (mittlerweile eine sehr gute Freundin von mir), um nochmals nach meinem Fuß zu sehen. Ich nahm den Verband ab. Sie holte ein Tape und bat mich, den Fuß soweit es ging nach oben zu ziehen, um möglichst weit aus der Spitzfußhaltung herauszukommen. Wir trauten beide unseren Augen nicht, ich konnte den Fuß ohne Einschränkung waagrecht halten. Sie tapte mir gleich den Fuß und ich konnte auftreten.

Es war ein solches Glücksgefühl! Minuten zuvor hatte ich mich entschlossen, zu vertrauen, zu mir zu halten und meinen Weg zu gehen – und schon war die Blockade im Fuß weg. Es ist anatomisch und medizinisch nicht möglich, innerhalb weniger Sekunden komplett auftreten zu können. Das war wieder ein Beweis dafür, dass alle Schmerzen und körperlichen Probleme energetische und psychosomatische Blockaden sind – ausgelöst von der Seele.

Ich war überglücklich und konnte meinen Vortrag über die Verbindung von Mensch und Tier ohne Hilfe auf eigenen Beinen halten. Anschließend stellte ich mich für die Kommunikation mit Tieren zur Verfügung. Ich war überglücklich, denn es klappte einfach alles ganz prima.

Resumee:
Kayo war im Januar ins Licht gegangen, um meine Transformation anzukurbeln. Ich hatte es bis März nicht geschafft, mein Bewusstsein zu verändern, deshalb kam auch kein Hund, sondern ein Pferd in mein Leben. Ich brauchte jemanden, der mir hilft, meine männlichen und weiblichen Aspekte in Ausgleich zu bringen, der mir Klarheit, Struktur und Ordnung bringt. Das macht Lina wirklich super. Danke!

Ich ließ mir im Oktober nach allen meinen Erkenntnissen und Verzeihungsübungen noch eine Ahnenbereinigung zu meinem Thema machen und siehe da, es funktionierte. Meine Energie zu meinem Mann und seine zu mir veränderten sich. Ja, sie war fast so wie am Anfang, als wir einander kennen lernten. Leider war die Veränderung aber nur kurzfristig. Sie hielt nicht an. Der November und der Anfang des Dezembers liefen wieder mit Höhen und Tiefen ab. Auf der einen Seite lebte ich die verletzte Frau und auf der anderen Seite wusste ich um den höheren Sinn.

Und so kam es, wie es kommen musste, ich fand mich wieder im Büro sitzend und mich um alles andere kümmernd als um mich selbst und die Tiere. Im Dezember eskalierte wieder einmal ein Gespräch und ich entschloss mich, auszuziehen und meinem Seelenplan zu folgen, den ich mit meinem Mann zusammen offenbar nicht leben konnte.

Tipp:
Wenn man sich für seinen Weg entschlossen hat, kommt immer noch eine Prüfung!

Noch mitten in der Nacht bat mich mein Mann, nicht zu gehen, und so blieb ich. An Heiligabend gab er mir unsere Verlobungsringe wieder und ich ließ mich ein zweites Mal komplett auf ihn ein und vernachlässigte wieder mich und meine Pläne. Fast drei Monate später erfuhr ich durch „Zufall", dass er mich ein zweites Mal vor vollendete Tatsachen gestellt hatte. Dieses Mal gab es kein Zurück. Es tat noch mehr weh als zuvor. Denn wieder hatte ich ihm geglaubt und vertraut. Für mich brach erneut eine Welt zusammen und ich wollte nicht mehr. Ohne die Hilfe der Geistigen Welt und der vielen guten Freunde wäre ich gegangen. Das Leben hier war mir zu schwer geworden. Aber da ich ja auch weiß, dass dieselben Themen im nächsten Leben wieder auf einen warten, rappelte ich mich erneut auf.

Alles ging nun sehr schnell. Ich durfte jetzt ins Vertrauen gehen, ob ich bereit war oder nicht. Ich sah mich nach Wohnungen um, aber es war nicht einfach. Eine Woche bevor ich ausziehen musste – da bereits die neue Frau einzog –, bekam ich einen Wink von oben. Ich war auf dem Heimweg zu meinem Bruder, bei dem ich kurzfristig untergekommen war, als mich ein Impuls zum Umkehren „zwang“ und ich mir die Zeitung von der Region holte. Da war ein kleines Häuschen drinnen annonciert, nicht weit entfernt von dem Ort, wo ich bisher lebte.

Ja, und in diesem wunderbaren Häuschen lebe und praktiziere ich jetzt.

Innerhalb von zwei Monaten baute ich mir eine neue Existenz auf. Da ich in der Eile alles zurückgelassen hatte, musste ich mir einen kompletten Hausrat kaufen. Und siehe da, ich kaufte zu Sonderpreisen, ich bekam Gutscheine, Angestelltenrabatte usw.

Tipp: Wenn man nur eine bestimmte Menge an Geld zur Verfügung hat, muss man sich nicht unbedingt mehr Geld wünschen, dann bekommt man das, was man möchte, eben günstiger. Überlasst das ruhig der Geistigen Welt, wie eure Wünsche erfüllt werden. Manifestiert euch das Resultat, nicht den Weg dorthin. Der ergibt sich dann schon. Manchmal ist es für die Geistige Welt einfacher, Rabattaktionen zu starten, als eine Rückzahlung oder einen Gewinn zu veranlassen.

An dieser Stelle möchte ich auch noch all meinen wirklich guten Freunden danken, die mir in dieser Zeit hilfreich mit Wort und Tat zur Seite standen und immer noch stehen. Vielen Dank!

Im Nu waren meine Möbel aufgebaut. Alles lief wie am Schnürchen. Ich bekam viele Botschaften und Zeichen, die mir Mut gaben. Ich sagte endlich JA zur mir und wollte mich nun mit meiner Heilarbeit finanzieren, denn ich wollte meine Berufung leben und die Geistige Welt sollte sich nicht umsonst angestrengt haben, mich auf meinen Weg zu bringen.

Da ich aber auch ein sehr sicherheitsbedürftiger Mensch bin und besagte Prüfung noch ausstand, bekam ich natürlich nun das Angebot meines Lebens.

Das hieße aber, meine Heilarbeit wieder fast aufzugeben für ein festes Einkommen. Dieses Mal wollte ich die Prüfung „bestehen". Ich lehnte ab. Schließlich hatten die da oben mir versprochen, dass ich mit allem versorgt sein würde, wenn ich meine Lebensaufgabe lebte.

Mit diesem Vertrauen lebe ich auch weiterhin und ich merke, wie ich mehr und mehr in meine Kraft komme. Ja, ich habe nun die Möglichkeit, meine Lebensaufgabe zu leben, und dafür bin ich sehr dankbar. Alle diese Ereignisse und meine Arbeit mit Mensch und Tier haben mich auf meinen Weg zum Heilwissen geführt. Ja, und da stehe ich nun in meiner Eigenständigkeit und finde das Leben einfach wunderbar!

Manchmal braucht es einfach einen „göttlichen Fußtritt!" … oder zwei!

Das waren nur einige Situationen und Beispiele aus meinem Leben. Würde ich hier über alle schreiben, würde das allein schon ein Buch füllen.

Sicher habt auch ihr schon einiges erlebt. Versucht Situationen nicht zu bewerten, verändert eure Sichtweise und lenkt eure Gedanken auf die Wünsche in eurem Leben – und alles wird sich auf das Wunderbarste lösen, auch wenn man es oft nicht gleich erkennt.

Ich darf wunderbare Dinge erfahren, seitdem ich den Entschluss gefasst habe, den Menschen die Tiere näherzubringen. Dies möchte ich gerne mit euch teilen.

Vorab jedoch beschreibe ich erst ein paar Grundlagen, so dass ihr die Zusammenhänge zwischen Tier und Mensch besser versteht. Einige Kapitel sind absichtlich kurz gehalten, da sie sonst den Rahmen des Buches sprengen würden und es darüber bereits genügend Lektüre gibt.

INFORMATION IST DER SCHLÜSSEL ZUM LEBEN

Quantenphysiker haben herausgefunden, dass der Raum zwischen Atomkern und Atomhülle ein Schwingungsfeld ist, dessen Information die jeweilige Materie strukturiert. Diesen Raum nennt man Vakuumfeld, Leerer Raum, erweiterter Raum, „Nichts" usw.

Der Arzt Dr. G. Petry sagt: „Würde man den Atomkern und die Elektronen der Atomhülle ohne Vakuum zusammen packen, würde der Mensch auf eine Größe von etwa 2 Mikrometern zusammenschrumpfen. Mit anderen Worten, der menschliche Organismus besteht zu 99,999 % aus einem Vakuumfeld. Das Vakuum enthält die Information unseres Organismus, aus dem heraus der Aufbau und die Funktion unserer Zellen gesteuert und überwacht werden."

Dieses Vakuumfeld nimmt aber auch Informationen von außen auf.

Alles, was ist, existiert aufgrund von Energie und Schwingung. Materie und der Geist sind nichts anderes als Schwingungen unterschiedlicher Wellenlängen und Frequenzen und damit Manifestationen von Schwingungen. Es ist dabei egal, ob es sich um Gedanken, Gefühle, Licht, Farben, Klänge, Steine, Metalle oder um einen lebenden Organismus handelt.

Durch Information lassen sich also im Innen wie auch im Außen Veränderungen herbeiführen.

Da nun Gedanken auch nur „Energie", also Schwingungen sind und Energie der Aufmerksamkeit folgt und Wirklichkeit wird, sollten wir auch auf unsere Gedanken achten.

Im Talmud ist die Kette vom Gedanken zur Wahrheit sehr schön aufgegliedert:

- Achte auf Deine Gedanken, denn sie werden Deine Worte.
- Achte auf Deine Worte, denn sie werden Deine Gefühle.
- Achte auf Deine Gefühle, denn sie werden Dein Verhalten.
- Achte auf Deine Verhaltensweisen, denn sie werden Deine Gewohnheiten.
- Achte auf Deine Gewohnheiten, denn sie werden Dein Charakter.
- Achte auf Deinen Charakter, denn er wird Dein Schicksal.
- Achte auf Dein Schicksal, indem Du jetzt auf Deine Gedanken achtest.

DIE LEBENSENERGIE

Die Energieverteilung im Körper des Tieres gleicht in etwa der Energieverteilung im Körper des Menschen:

- **Chemo-Elektrizität:** 15%
  – entsteht durch Verdauungsprozesse.

- **Piezo-Elektrizität:** 15%
  – entsteht durch das Ein- und Ausatmen, den Puls, durch Bewegung und den Kreislauf des Herzens.

- **Meridiane:** 30%
  – Die Meridiane nehmen magnetische Energie aus dem Erdmagnetfeld auf.

- **Chakren:** 40%
  – Die Chakren gehören zum feinstofflichen Energiesystem, sie nehmen irdische und kosmische Energie auf und verteilen diese im Körper.

Wie ihr seht, bekommen wir die wenigste Energie über die Nahrung. Die meiste Energie bekommen wir über die Meridiane und die Chakren. Das erklärt auch warum es Menschen gibt, die allein von Lichtnahrung leben können.

In Europa z.B. bekommt eine Mehrzahl von Haustieren Fertigfutter, das meistens keinerlei oder nur noch wenig Lebensenergie enthält, und zudem haben diese Tiere auch noch zu wenig Auslauf.

Dann bleibt noch die Energie über die Meridiane: Da diese aber auch mit der Psychosomatik zusammenhängen und das Tier womöglich noch in einem Umfeld lebt, das nicht artgerecht ist, oder eben seine Menschen Störungen im Energiefeld mitbringen, bleiben noch die Chakren als Energiequelle übrig. Das kann so auf Dauer nicht funktionieren.

Gesundheit bedeutet, dass alle Systeme im körperlichen- und feinstofflichen Bereich und im geistig-seelischen Bereich miteinander harmonieren.

WASSER ALS INFORMATIONSSPEICHER

Die Forschungen von Dr. Masaru Emoto bewiesen in über zehntausend Fällen, dass Wasser gute wie auch schlechte Informationen speichert.

Er experimentierte damit, Wassergläser mit unterschiedlichen Schwingungen mittels Musik, Sprache und Beschriftungen zu informieren, fror diese Wasserproben ein und fotografierte und analysierte sie mit einem Spezialverfahren. Die Proben mit den guten Informationen wiesen schöne sechseckige Kristallstrukturen auf und die Proben mit den schlechten Informationen waren verzerrt, ja zum Teil zerstört. Ein schönes Beispiel von Dr. Emotos Experimenten: Er füllte zwei Gläser mit Wasser, auf das eine schrieb er das Wort „Liebe“ auf das andere das Wort „Teufel – Luzifer“. Das Glas mit Liebe wies wunderschöne Kristallstrukturen auf, das Glas mit Luzifer zerstörte Kristallstrukturen mit einem Lichtpunkt in der Mitte; übersetzt bedeutet Luzifer der Lichtbringer! Ihr könnt es selber ausprobieren. Verteilt Wasser in zwei gleiche Gläser, beschriftet oder besprecht das Wasser einmal positiv und das andere negativ. Wartet ein bis zwei Tage ab, was dann passiert.

Das liebevoll informierte Wasser kann man nach zwei Tagen noch trinken, es enthält zum einem mehr Lichtenergie und wird schmecken, das andere nicht.

Dr. Masaru Emoto führte weitere zahlreiche Experimente mit Wasser durch. Er beklebte Wassergläser mit Symbolen, übertrug pflanzliche Extrakte oder Wirkstoffe auf das Wasser, segnete das Wasser, ließ 500 Personen aus aller Welt positiv an das Wasser denken u.v.m. Die Ergebnisse der Wasserkristalle waren sehr beeindruckend.

Im Internet könnt ihr Bücher, Bilder und weitere Informationen dazu finden.

Ich selber habe eine Informationsübertragung von Schmerztabletten auf das Wasserglas gemacht, nachdem mir Lina in die Ferse getreten hatte und ich genäht werden musste. So konnte ich die Nebenwirkungen umgehen und musste nicht auch noch die Magentabletten einnehmen, die mir die Ärzte im Krankenhaus gleich zusammen mit den Schmerztabletten mitgegeben hatten.

Wenn man nun bedenkt, dass Menschen und Tiere zum größten Teil aus Wasser bestehen, kann man sich vorstellen, was gute und schlechte Informationen bei uns im Körper bewirken.

Negative Schwingungen verhindern auf Dauer eine harmonisch und einwandfrei funktionierende Zellkommunikation im Körper.

DAS ENERGIEFELD DES TIERES – DIE AURA

Das Energiesystem der Tiere ist dem des Menschen sehr ähnlich. Es lassen sich die Hauptchakren und Auraschichten mit vergleichbaren Themen unterscheiden. Energiearbeit, die beim Menschen eingesetzt wird, kann auch bei den Tieren sehr hilfreich sein.

Jede Materie ist von einem Energiefeld umgeben. Ohne Energiefeld keine Materie.

Die Aura ist unser Energiefeld. Sie besteht aus mehreren Schichten. Sie dient als Schutz für von außen kommende Einflüsse und regelt den Informationsaustausch mit der Umwelt. Da alles Schwingung ist, ist alles Information. So treffen Worte, Gefühle und noch vieles mehr erst einmal auf unsere Aura. Das können Nachrichten aus den Medien sein, der Ärger mit den Nachbarn, die Freude über ein positives Ereignis, existenzielle Ängste, Funkfrequenzen, Elektrosmog usw. Bei den Tieren kann dies der Streit mit dem Nachbarskater um das Revier sein, der Kummer über die Trennung von einem anderen Tier oder Menschen, die Freude über das tägliche „Gassi-Gehen" usw

All diese „Informationen“ hängen als Energieverdichtung in der Aura.

Bei den Tieren sind die 7., die 6. und die 5. Auraschicht nicht so stark abgegrenzt wie bei den Menschen, deshalb werden seelische Probleme bei den Tieren schneller körperliche Symptome und Krankheiten aufzeigen.

Treffen nun dieselben Informationen ständig auf den Körper, so durchdringen diese Energien die einzelnen Schichten der Aura, bis diese körperlich spürbar werden – und der Körper drückt nun das aus, was im Energiefeld schon längst vorhanden ist.

So können Probleme mit der Prostata mit Revierkonflikten zusammenhängen, die Nieren u.a. mit Trennungskonflikten, die Bauchspeicheldrüse u.a. mit Sorgekonflikten, die Lunge mit Freiheit- oder Todesangstkonflikten. Bei Blasenproblemen kann man sich fragen: Wer oder was macht mir Druck? Wo kann ich nicht loslassen, wo habe ich Ängste?

Die Tiere, besonders die Haustiere, stehen im unmittelbaren Kontakt mit der Familie, bei der sie leben, noch näher natürlich mit ihrer „Bezugsperson“. Somit haben Tiere nicht nur ihre eigenen Energieverdichtungen im Aurafeld hängen. Sie übernehmen auch unsere Energien, um diese zu transformieren. Wenn es aber zu viele und permanent die gleichen Energiewölkchen sind und das Tier nicht mehr in seiner Mitte ist, können sie diese nicht mehr transformieren. Sie werden zu körperlichen Symptomen, schlussendlich zur Krankheit.

Im obigen Beispiel kann über kurz oder lang die Bauchspeicheldrüse betroffen werden.

Hier ein eigenes Beispiel aus meiner Praxisarbeit mit Menschen:

Die Katze einer Frau erzählte mir, welche Themen die Frau in ihrem Leben noch auflösen darf, um in ihrem Leben weiter zu kommen. Die Frau fing zu weinen an, weil dieses Thema ihr schon seit der Kindheit nachhängt, sie es immer und immer wieder angeschaut und bearbeitet hatte und dachte, es erledigt zu haben. Zuerst war sie etwas wütend auf die Katze, woher diese denn das alles wissen wolle.

Ich sprach nochmals in Ruhe mit ihr und behandelte sie. Wir kamen an das Thema ran und ihr stand alles bis zum Hals. Ich dachte gerade an einen Eimer, den wir jetzt brauchen könnten, da sie kurz vor dem Erbrechen war, aber es ihr anscheinend im Hals stecken blieb. Ich sagte zu ihr: „Lass es raus."

Da kam der Hund ihres Lebensgefährten und erbrach sich mehrmals vor unseren Füßen. Die Frau bedankte sich noch während der Behandlung ein paarmal bei dem Hund. Nach der Behandlung erzählte sie mir, dass sie sich nicht erbrechen könnte. Als damals der Vorfall mit ihrem Vater in der Kindheit war, sprach sie mehrere Tage nicht mehr. Die seelische Ursache, nicht erbrechen zu können, entstand bei diesem Schock. Hier hat der Hund es für sie übernommen. Für die Frau war mithilfe der Katze, des Hundes, der Geistigen Welt und durch mich das Thema nun gelöst.

Natürlich fragte ich nach, ob der Hund sich öfters erbrach und wann er zuletzt gegessen hatte. Der Hund hatte zuletzt zu Mittag gegessen und seitdem nichts mehr. Die Behandlung der Frau war abends um ca. 21:00 Uhr. Der Hund erbrach sich sonst auch nicht! Also gab es keinen körperlich ersichtlichen Grund dafür.

DIE ENERGIEZENTREN DES TIERES – DIE CHAKREN

Eng verbunden mit der Aura sind die feinstofflichen Energiezentren, die Chakren. Sie sind Energiewirbel, die man sich wie Trichter vorstellen kann. Sie treten nach vorne und hinten bzw. oben und unten aus.

Die Chakren gehören zum feinstofflichen Energiesystem. Sie wandeln die Energie in unterschiedliche, von uns benötigte Schwingungen um und führen sie unserem Energiesystem zu.

Jedes Chakra ist zuständig für eine ganz bestimmte Energiefrequenz und Qualität, sowie für die entsprechende Bewusstseinsebene. Chakren stehen in Wechselwirkung mit unterschiedlichen Gewebestrukturen, Körperdrüsen und Organen, mit der Psyche und den Verhaltensweisen. Traumatische Ereignisse, mangelnde Liebe,

Unterdrückung der Bedürfnisse usw. können die Chakren aus dem Gleichgewicht bringen. Verhaltensstörungen, Hormonstörungen und Krankheiten können die Folge sein.

Ich möchte hier einen kurzen Überblick darüber geben, welche Themen sich u.a. im Energiesystem der Tiere lokalisieren lassen. Das Ziel der Behandlung ist eine Harmonisierung bzw. Lösung der energetischen Blockaden in diesen Bereichen.

7 Hauptchakren

- **Wurzelchakra:** Erdung, Stabilität, Urvertrauen, Fortpflanzung, Sehnen, Knochen, Bänder usw.
- **Sakralchakra:** Ängste, Karma, Loslassen, Verdauung, Haut usw.
- **Solarplexus:** Macht, Ohnmacht, Selbstvertrauen, Selbstwert, Lebensfreude, Bauchspeicheldrüse usw.
- **Herzchakra:** Liebe, Empathie, Immunsystem, Lebensrhythmus usw.
- **Halschakra:** Kommunikation, Selbstausdruck, Schilddrüse, Depression, Aggression, Vorinkarnationen usw.
- **Stirnchakra:** Wahrnehmung feinstofflicher Energien, Intuition, Hypophyse usw.
- **Kronenchakra:** Verbindung zur göttlichen Energie, Verbindung zur eigenen Seele

Gemäß der Grundschwingung der einzelnen Chakren können ihnen bestimmte Elemente wie Töne, Silben, Farben, Steine, Planeten, Götter, Krafttiere, Meridiane, Bachblüten, Heilpflanzen, homöopathische Substanzen, Reflexpunkte usw. zugeordnet werden.

Diese können zur Harmonisierung beitragen.

DIE ENERGIEBAHNEN DES TIERES – DIE MERIDIANE

Die Meridiane stehen im ständigen Informationsaustausch mit dem Nervensystem.

Die Meridiane nähren, versorgen und steuern auch die Organe mit allen Informationen, die diese für ihre Aufgabe benötigen.

Die einzelnen Meridiane stehen für verschiedene Emotionen, diese werden vom Umfeld aufgenommen und zum dazugehörigen Organ weitergeleitet.

Die Organe sind somit die geronnene Energie der Meridiane.

So kann beim Tier z.B. eine Trennung von der Bezugsperson zu einem gestörten Nierenmeridian führen. Bei einer lang anhaltenden Störung kann sich das auf das Organ Niere auswirken.

Trennt sich der Partner von der Bezugsperson und kann diese nur schwer damit umgehen (verletzte Gefühle), kann das Tier diesen Konflikt mittragen.

Es gibt zahlreiche Bücher, über den Zusammenhang von Seele und deren psychosomatischen Ausdruck bezugnehmend auf Symptome und Krankheiten, die es sich lohnt zu lesen oder als Nachschlagewerke zu benutzen. Diese Themen treffen auch auf das Tier oder im übertragenen Sinne eben auf die Bezugsperson des Tieres zu.

Nach Dr. Voll gibt es – anders als bei der TCM, der Traditionellen Chinesischen Medizin – nicht nur 12 Meridiane, sondern 20 Meridiane.

Hier ein kurzer Abschnitt über Meridiane und Emotionen:
Nachfolgend die Endpunkte der Meridianbahnen beim Hund (sie gelten auch für die Katze).

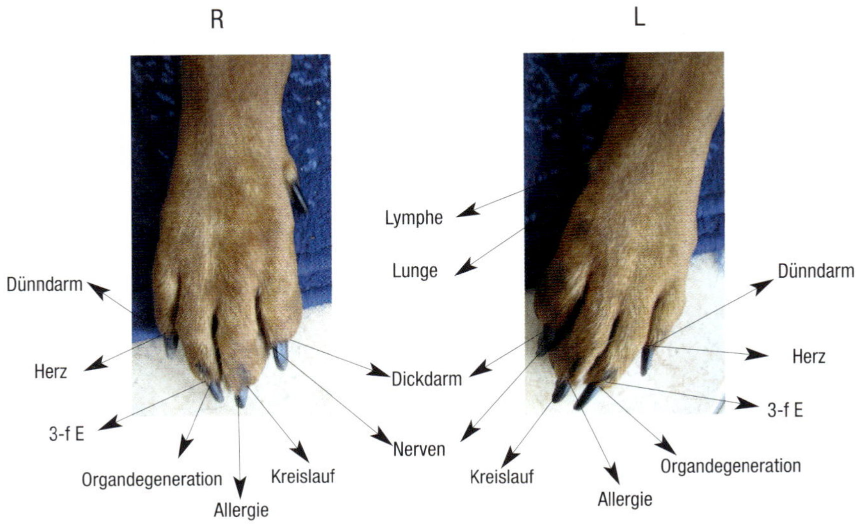
R
L
Lymphe
Lunge
Dünndarm
Dünndarm
Herz
Herz
Dickdarm
3-f E
3-f E
Nerven
Organdegeneration
Kreislauf
Kreislauf
Organdegeneration
Allergie
Allergie

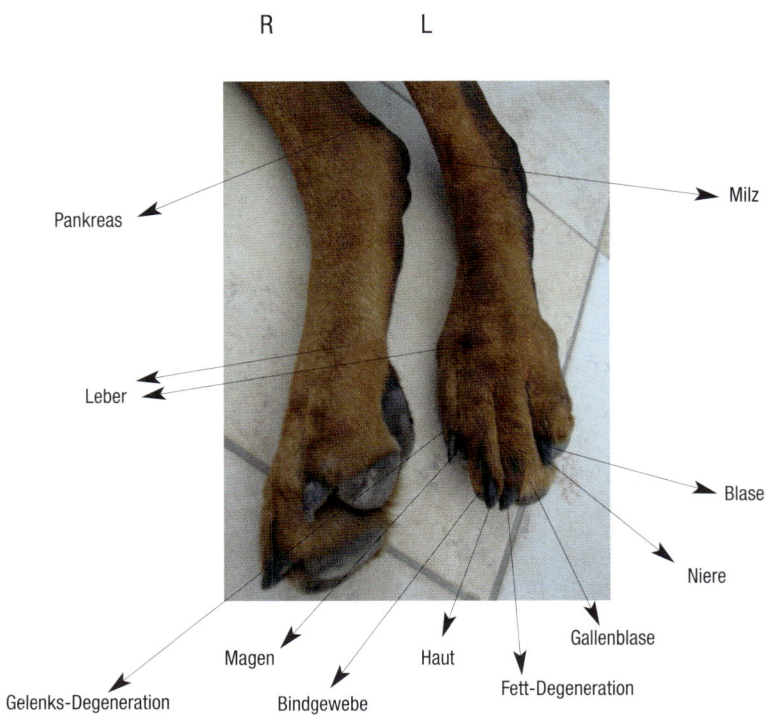
R
L
Pankreas
Milz
Leber
Blase
Niere
Gallenblase
Magen
Haut
Gelenks-Degeneration
Bindgewebe
Fett-Degeneration

Anbei noch eine kleine Übersicht der Meridiane und eines Teils der dazugehörigen Emotionen

Lymphe	Freiheit, im Fluss des Lebens sein
Lunge	Frei durchatmen, Lebensrhythmus, Todesangst
Dickdarm	Loslassen
Nerven	Gelassenheit
Kreislauf	Freude, Versorgt sein, Schutz
Allergie	Frieden, Harmonie
Organdegeneration	Regeneration
3- facher Erwärmer	Schutz, Gleichgewicht, Stabilität bei Veränderungen
Herz	Liebe, Mitgefühl, Freude, Innerer Frieden, Humor
Dünndarm	Freies Denken und Vertrauen, Intellektuelles Verständnis
Milz/Pankreas	Lebensfreude, Selbstliebe, Gemeinschaft, Ruhe im Denken
Leber	Entspannung, Gelassenheit, Vitalität, Klarsicht, Ideen, Visionen
Gelenkdegenerationsmeridian	Leichtigkeit, Flexibilität
Magen	Konfliktlösung, Annehmen, kann alles verdauen
Bindegewebe	Festigkeit
Haut	Schutz und Abgrenzung
Fett-Degeneration	Freizügigkeit, Freigiebigkeit
Gallenblase	Entschlusskraft, Flexibilität, Aktivität, Urteilskraft
Niere	Verletzte Gefühle heilen, Geduld, Mut, Verbundenheit
Blase	Loslassen, stark und mutig sein

DIE DREI ASPEKTE DES TIERES

Beim Tier gilt es drei Aspekte zu berücksichtigen: einmal das Tier mit seinen Instinkten, hierzu zählt auch der Urinstinkt, dann den Charakter des Tieres und zu guter Letzt die Seele des Tieres.

Immer wieder kommen Menschen zu mir, die mich bitten, ihren Tieren zu sagen, sie sollen dies oder jenes nicht machen. Wir Menschen – aus unserem Verstand heraus – möchten dies einfach nicht.

Beispiel:
Die Katze soll aufhören, an den Vorhängen rauf und runter zu laufen.

Der erste Aspekt des Tieres sichert sein Überleben, indem es seine angeborenen Kletterkünste übt.

Der zweite Aspekt des Tieres hat großen Spaß, wenn sich der Vorhang beim Klettern hin und her bewegt. Die Krallen lassen sich besser einhaken und überhaupt ist sie eine sehr neugierige und lebensfrohe Katze.

Den dritten Aspekt, die Seele, interessieren die Vorhänge nicht! Sie ist wertfrei!.

Was kann man hier tun?

Es gilt abzuwägen, was man verändern kann, und eventuell hilft ja schon ein Ersatz, wie z.B. ein Kratzbaum. Somit wären Urinstinkt und Charakter vielleicht befriedigt.

Allein mit der Fähigkeit zur Tierkommunikation würde ich mich nicht einem Tier, das auf der Flucht ist, in den Weg stellen, da überwiegt der Urinstinkt.

Die Tierflüsterer, die mit schwierigen Tieren arbeiten, sind hier auf der Ebene der Körpersprache des Tieres, also Instinkt und Charakter. Es ist also wichtig zu unterscheiden, mit welchem Aspekt ich es gerade zu tun habe.

WARUM TIERE KRANK WERDEN KÖNNEN

Jedes Symptom – jede Krankheit bei Mensch oder Tier – ist Ausdruck der Seele. Nur über diesen Weg kann diese sich in den meisten Fällen Gehör verschaffen. Leider hören viele nicht einmal darauf. Bei den Tieren gilt es herauszufinden, ob es sich um deren Geschichte handelt, die Geschichte ihres Halters (erinnert euch an die Energieverdichtungen) oder um beide.

Die Seele sucht sich im Körper einen Schwachpunkt aus, um an dieser Stelle Symptome zu zeigen. Das ist für sie sehr einfach, weil diese Schwachstelle immer zum Konfliktthema passt. So kann man oft sehr schnell feststellen, welche Emotionen beim Tier (Mensch) nicht passen und was im Leben gerade schiefläuft.

Die Ursache ist also immer seelisch.

Als Beispiel:
Ein „steifer Nacken"

Ursache: Alltagsstress, nicht „loslassen" können, Ahnen, Streit der Eltern usw.

Auslöser: ein offenes Fenster (Zug bekommen), ein nicht passendes Kopfkissen usw.

Wie bereits erwähnt, gibt es darüber einige Bücher, die man gut als Nachschlagewerk für die Symptome und Krankheiten benützen kann. Es ist schon erstaunlich, wie die Erklärungen immer passen.

Ich gebe euch hier einige Tipps aus meiner Erfahrung, warum Tiere krank werden können. Vergesst aber nie die seelische Ursache (die den betroffenen Bereich im Körper bereits geschwächt hat) dabei, auch wenn ich sie hier nicht immer aufzähle. Jedes Tier, wie jeder Mensch auch, ist ein Individuum für sich und sollte auch als solches betrachtet und untersucht werden.

Umwelteinflüsse (Gifte, Pilze, Elektrosmog, Schwermetallbelastungen)

Sowohl für uns Menschen als auch für die Tiere wird es zunehmend schwieriger, mit den rasend schnell veränderten Umwelteinflüssen zurechtzukommen. So ist es keine Seltenheit mehr, dass für das ständige Kratzen beim Hund oder bei der Katze, Elektrosmog, Schwermetallbelastungen, Pilze und Bakterien die Auslöser sind. Pilze und Bakterien besiedeln unseren Körper. Wenn das Milieu, die Umgebung, nicht mehr passt, können diese aus dem Gleichgewicht geraten und Krankheiten hervorrufen. Seelische Ursache kann eine Trennung von der gewohnten Umgebung sein, oder aber auch das menschliche oder tierische Umfeld hat sich verändert und passt nicht mehr.

Fallbeispiel:
Ich habe eine 10-jährige Dackeldame aus Ungarn in Behandlung, die Malassezia (Hefepilz) aufweist. Diese Pilze gehören zur normalen Hautflora. Wenn sie aus dem Gleichgewicht kommen, kann dies zu einer Malassezien-Dermatitis führen. Charakteristisch sind entzündlich veränderte, meist juckende Hautveränderungen. Werden derartige Veränderungen chronisch, kommen auch Haarlosigkeit, Verdickung und Schwarzfärbung der Haut und die Bildung von neuen Hautfalten am Hals oder an den Beinen hinzu.

Im Seelenband des Hundes fand ich heraus, dass dieser Konflikt im 6./7. Lebensjahr gegeben war. Die Frau berichtete mir, dass die Familie da umgezogen sei und der Hund für acht Monate bei der Mutter der Frau lebte. Da die Dackeldame sehr stark auf ihr „Frauchen" fixiert ist, war das die Ursache. Haut zeigt den Trennungskonflikt an und der Pilz die nicht heimische Umgebung.

Durch die Behandlung ist es schon deutlich besser geworden, aber leider bin ich nicht lange genug vor Ort und die Frau ist auch viel unterwegs.

Fallbeispiel:
Ich hatte eine Labradorhündin (acht Jahre alt), die sich jahrelang auffällig viel kratzte. Der Tierarzt stellte bei ihr Allergien fest. Ich testete die Hündin. Bei ihr waren Schwermetalle nachweisbar, die beim Bergbau üblich sind. Tatsächlich lebte die Hündin im Ruhrpott und war auf einer alten Halde spazieren gegangen. Auch stellte sich heraus, dass damals beim Wohnbau noch schwermetallbelastete Rohstoffe verwendet wurden. Sicherlich war es auch kein Zufall, dass sie sich die Sehne an der Pfote zu der Kralle abgerissen hatte, an der der Allergiemeridian entlang läuft. Dieser steht auch allgemein mit Harmonie in Verbindung.

Manchmal schafft die Seele es nicht mehr allein, den Körper auszusteuern, besonders wenn eine Fehlfunktion im Körper schon sehr lange besteht oder eben auch das Energiefeld des Tieres nicht stark genug ist, um erneute Einflüsse und Einwirkungen abzufangen oder ihnen gegenzusteuern. So können manchmal zusätzlich körperlich unterstützende Maßnahmen notwendig sein.

Schwermetalle können auch durch Impfungen in den Körper gelangen: durch den Chip, durch verunreinigtes Wasser aus alten Rohren (meist bei Tieren, die aus anderen Ländern kommen, Tierheimen usw.), auch durch Dosenfutter, da ja immer auch ein Teil der Beschichtung abblättert und die Schwingung des Metalls im Futter enthalten ist.

Habe ich allerdings ein Tier, das in seiner Mitte ruht und dadurch ein starkes Energiefeld besitzt, werden diese Einflüsse keine Auslöser sein.

Fallbeispiel:
Ich behandelte einen Hund, bei dem ich eine hohe Elektrosmog-Belastung gemessen hatte. Sein Frauchen klagte über die Müdigkeit und auch die Lustlosigkeit des Tieres, manchmal schmerzten seine Gelenke. Ich wunderte mich, woher der Hund die Belastung hatte. Ich fragte nach, bis wir die Antwort hatten. Er lag den ganzen Tag

bei seinem Frauchen im Büro, bei all den Computern, Druckern, Telefonen usw. Kein Wunder, dass dieser Hund belastet war und somit sein Körper übersäuerte. Natürlich spiegelte er mit seiner Übersäuerung auch den Stress seines „Frauchens" wider. Stress lässt den Körper ebenfalls übersäuern. „Frauchen" hatte übrigens die gleichen Symptome.

Fallbeispiel:
Ein anderer Fall war ein junger Westie. Er kratzte sich ständig. Er war schon überall in Behandlung gewesen. Er hatte Spritzen, Medikamente, Salben, Globuli usw. bekommen. Nichts hatte geholfen, und wenn, dann nur kurzfristig. Die Haut hat mit Abgrenzung und Kontakt zur Außenwelt zu tun und steht mit dem 2. Chakra in Verbindung, das u.a. auch den Darm steuert, und im Darm ist wiederum das Immunsystem angelegt. Ich stellte bei ihm aus der Art und Anzahl geratene Pilze fest. Pilze fallen aus dem Gleichgewicht, wenn das Milieu nicht passt. Ja, das Umfeld der Menschen, bei denen er lebt, passt nicht. Streitereien, Unzufriedenheit, Ärger usw. sind an der Tagesordnung. Bevor die Familie nicht wieder in Harmonie kommt, wird keine Therapie dem Hund helfen können, zumal er auch noch ein Dickschädel ist. Egal, wer mit ihm mittels Tierkommunikation Kontakt aufgenommen hat, er lässt sich nicht davon abbringen, „seinen" Menschen zu zeigen, dass Veränderung notwendig ist.

Die Menschen, die das Tier umgeben, spielen eine große Rolle. Denn auch Tiere können allergisch auf Menschen reagieren. Sie nehmen die Stimmung der Menschen auf und spüren deren Umgang miteinander und natürlich auch den Tieren gegenüber.

Geopathogene Störfelder
(Gitternetze in Verbindung mit Wasseradern)

Bei den Tieren gibt es wie bei den Pflanzen auch Strahlensucher und Strahlenflüchter. Pferde, Hunde und Rinder z.B. sind Strahlenflüchter. Oft stehen Tiere, die sich ihre Stell- und Schlafplätze nicht aussuchen können, auf solchen Störfeldern und werden dadurch krank. Hufrehe, Euterentzündungen, Gelenkschmerzen, vermehrte Aggressionen, Fehlgeburten, Geschwüre, Zysten u.v.m. sind die Folgen davon. Früher hat man sich die Sinne der Tiere zu Nutze gemacht und z.B. einen Ameisenhaufen dorthin versetzt, wo das Haus gebaut werden sollte. Zogen die Ameisen fort, fing man genau dort mit dem Hausbau an. Denn Ameisen sind Strahlensucher.

Heutzutage stehen die Rinder, Legehennen, Schweine usw. ein „Leben lang" auf derselben Stelle. Die Hunde sind in Zwingern und/oder angekettet und haben somit auch keine Wahl.

Fallbeispiel:
Ich hatte ein Pferd zur Behandlung, das ausschlug, wenn es in der Box stand, und sich dadurch immer wieder verletzte. Ich stellte in der Box Störfelder fest. Ich riet dazu, die Box zu wechseln und bis dahin mit einem Harmonisierungsset die Aura des Pferdes mit der Schwingung in der Box in Harmonie zu bringen. Das klappte auch ganz gut. Zwei Wochen später bekam das Pferd eine andere Box und alles war in Ordnung.

Okkulte Belastungen der Erde

Okkulten Belastungen an verschiedenen Plätzen wird viel zu wenig Beachtung geschenkt. Negative Energien, die wie zum Beispiel auf Schlachtfeldern, Opferplätzen, Hinrichtungsplätzen usw. vorhanden sein können, können in der Erde gespeichert sein. In vielen Fällen kommt es auf solchen Plätzen immer wieder zu Streit, Spannungen, Krankheiten oder auch zu Todesfällen.

Fallbeispiel:
In einem Pferdegestüt starben von 80 Fohlen in einem Jahr 60 Tiere. Die Pferde scheuten immer wieder an einer bestimmten

Stelle auf dem Platz und im Silo schimmelte das Futter. Daraufhin wurden drei Erdheilungsrituale durchgeführt. Es stellte sich heraus, dass dieser Platz früher für die Vorbereitungen zu Hinrichtungen genutzt wurde. Dieser Platz war angefüllt mit krankmachenden und negativen Schwingungen.

Nach diesen Ritualen starben keine Fohlen mehr, auf dem Longierplatz blieben die Pferde ruhiger, die Herde wurde insgesamt harmonischer und kränkelte nicht mehr und das Futter im Silo hörte auf zu schimmeln.

Plus- und minuspolige Plätze

Wichtig ist, dass die Tiere viel Auslauf haben. Die Erde ist durch die Abstrahlung der Gitternetze in plus- und minuspolige Felder eingeteilt. Bewegen sich nun die Tiere immer nur auf einem minuspoligen Feld, so werden sie müde, lustlos und leiden an degenerativen Erkrankungen. Bei pluspoligen Feldern werden sie aggressiver, aufgedrehter und leiden an entzündlichen Erkrankungen.

Lebensgrundlagen (Ernährung, Bewegung, Haltung)

Wie oben bereits erwähnt: Ist ein Tier in Harmonie mit sich selbst und dem Umfeld, kann es nicht krank werden. Wenn es nicht in seiner Mitte ist, können sich zusätzlich durch falsche Ernährung, zu wenig oder falsche Bewegung und Haltung die Symptome und Krankheiten noch verschlimmern.

Umfeld (Artgenossen, Menschen, Stadt, Land usw.)

Das Leben unter Artgenossen erleichtert so manches. In der Natur ist es nicht vorgesehen, auf engstem Raum Pferde mit Eseln, Meerschweinchen mit Hasen usw. zusammen zu halten. Da die Tiere unterschiedliche Körpersprachen haben, kann es wegen der unterschiedlichen Körpergebärden schon zu Verwechslungen und bösen Verletzungen kommen. Auf Dauer fühlen sie sich nicht wohl, das

Meridianfeld des Tieres wird gestört. Psychische Störungen treten auf und können körperlich werden.

Fallbeispiel:
Auf einem Hof leben zwei Esel und ein Pony zusammen. Das Pony leidet immer wieder an einem Hautpilz an der Brust (Herzchakra: der Bereich, wo sie den Hautpilz hat, sagt mir: „Sie hat etwas auf dem Herzen") und an Hufrehe. Pilz bedeutet, dass das Umfeld nicht passt, und die Hufrehe steht für den Standpunkt im Leben, den es nicht beziehen kann. Es kann sich bei den beiden Eseln nicht durchsetzen. Bei dem Seelengespräch mit dem Pony zeigte es mir immer wieder andere Ponys, mit denen es in einer Herde in Freiheit lebt, und dann wieder viele Indianerkinder, die sich mit ihr beschäftigen. Ihr Herz ist schwer, weil sie das nicht hat. Ich erzählte ihrer „Besitzerin", was das Problem ist.

Sie bestätigte mir, dass das Pony Kinder liebt. Früher ritten Kinder auf ihm, striegelten es und beschäftigten sich mit ihm. Seit es das nicht mehr hat, kränkelt es. Die Frau möchte das nun ändern und hat sich schon auf die Suche nach einem zweiten Pony gemacht.

Vor gar nicht all zu langer Zeit, traf ich die Frau und fragte nach dem Pony. Sie hatte mittlerweile einen Pony Wallach gekauft und seitdem gibt es bei ihrem Pony keinen Hautpilz mehr. Das Thema Hufrehe hatte sich erheblich gebessert.

Fallbeispiel:
Bei einem anderen Westie (er lebt inmitten einer Großstadt) habe ich Schwermetallbelastungen gemessen, die auf Autoabgase zurückzuführen sind. Der Hund kommt aus dem Kratzen nicht mehr heraus. Das Beste hier wäre, umzuziehen oder das Energiefeld des Tieres so zu stärken, dass der Körper damit umgehen kann. Mit Tieren, die in der Stadt leben, sollte man öfters mal auf das Land fahren. Tiere sind nicht wirklich für das Stadtleben geeignet, sie haben sich lediglich damit arrangiert.

Falsche Erziehung (z.B. auch Hundeschulen)

Für manche Menschen ist der Hund oder das Pferd eher ein Statussymbol, das funktionieren muss, als ein treuer Wegbegleiter. Andere wiederum sind mit ihren Tieren überfordert, weil sie nicht auf sie eingehen und somit nicht verstehen, was deren Bedürfnisse sind. Sie erniedrigen die Tiere, brechen ihren Willen, bestrafen oder überfordern sie – entweder in Eigenregie oder in der Hunde/Pferdeschule. Hier reichen allein schon die Worte. Wie bereits erwähnt, ist alles Schwingung. Darum ist es auch so wichtig, was und wie man etwas zu den Tieren sagt. Das gesprochene Wort ist Schwingung und wird beim Tier direkt im 5. Chakra angenommen. Wenn man immer und immer wieder das Tier beschimpft, wird es ab der 4. Auraschicht seelische Probleme aufweisen und ab der 3. Auraschicht körperliche Symptome zeigen.

Die Rangordnung muss festgelegt werden. Ein Hund, der den Menschen nicht für fähig hält, das Rudel zu führen, wird diese Aufgabe übernehmen und überfordert sich damit permanent, wenn es kein Alphatier ist.

Ist er ein Anführer, muss auch hier die Rangordnung festgelegt werden. Um Probleme zu vermeiden, muss der Mensch für das Tier immer als ranghöher gelten. Damit würden wir vielen „Kläffern" und „gefährlichen Hunden" das Leben erleichtern. Es ist immer die Unfähigkeit des Menschen, welche die Tiere so reagieren lässt!

Mein Tipp: Suchen Sie sich geeignete Schulen, die ein harmonisches Miteinander anstreben. Denken Sie daran, dass das Umfeld den Hund/das Pferd mitprägt.

Eine gute Freundin von mir, Beate Mayer, sie leitet das TellingtonT-Touch®-Zentrum Süddeutschland, hat folgendes zum Umgang mit Pferden geschrieben:

Das Geschenk der Pferde

Pferde, diese wunderbaren Geschöpfe, schenken uns viel mehr, als wir normalerweise bereit sind, wahrzunehmen. Sie sind wesentlich bewusstere Wesen, als ihnen im Allgemeinen zugestanden wird. Pferde halten die Energie, wenn etwas schwierig ist oder tiefgreifende Veränderungen geschehen.

Wenn wir uns ihnen öffnen, können sie umfassende Heilungsprozesse in Gang bringen.

Sie sind Botschafter auf dieser Erde. Botschafter für den Ausgleich der femininen und maskulinen Energie. Für die Möglichkeit, ihr weiblich empfangendes Naturell, ihre Aufnahmefähigkeit für kleinste Veränderungen in der Umgebung mit der maskulinen Kraft, Präzision und Schnelligkeit in vollendeter Harmonie zu verbinden.

Als Flucht- und Beutetier brauchen sie beides, die Aufmerksamkeit für minimale Veränderungen – nicht nur die sicht- und hörbaren, auch die unsichtbaren, energetischen – ebenso wie die Spurtstärke, die eine sofortige Flucht möglich macht und dabei in Sekundenschnelle das volle Kraftpotential zur Wirkung bringt.

In der Arbeit mit Pferden wird auch von uns beides abverlangt: die offene, aber konzentrierte Aufmerksamkeit, um jede kleinste Mitteilung des Pferdes – oft eine fast unmerkliche Veränderung in der Mimik oder Körperspannung – zu erkennen, und die innere Klarheit und Präzision, die es braucht, um ein Pferd zu führen, es dazu zu bringen, dass es unseren Signalen vertrauensvoll folgt.

Der Mensch ist für das Pferd zuerst einmal eine potentielle Gefahr, in seinem Instinkt auch nach ein paar tausend Jahren der Domestizierung immer noch als Raubtier abgespeichert. Diesen Instinkt muss es überwinden, um in uns den verlässlichen Partner zu entdecken, dem es sich bedingungslos anvertrauen kann. Das beinhaltet für uns eine große Verantwortung; wenn wir dem Pferd durch unsere Führung Schmerz zufügen, Aufgaben verlangen, die das Pferd nicht erfüllen kann oder die es in Angst versetzen, wird es uns nicht mehr vertrauen. Gerade junge und unsichere Pferde fordern uns – wie auch die Mitglieder in der Herde – dazu heraus, Stellung zu beziehen, ihnen freundlich, aber konsequent ihre Grenzen zu zeigen. Sie wollen wissen, wo ihr Platz ist und ob wir kompetent genug sind, alle Situationen zu meistern. Erst dann können sie sich entspannen und uns anvertrauen. Dazu brauchen wir auch unsere Bereitschaft, unsere Kraft, Stärke und Schnelligkeit zu benutzen, genauso wie unsere Geduld und Sanftmut und unseren Spieltrieb.

Gerade unsichere Pferde werden oft als dominant bezeichnet, da sie aus ihrer Unsicherheit heraus besonders hartnäckig unsere Kompetenz und unsere Fähigkeiten testen. Diese Pferde brauchen ein hohes Maß an Sicherheit und Gelassenheit, fordern von uns volle Konzentration.

Das ist „Meditation in Bewegung“ pur!

Einer der effektivsten Wege, Pferden zu helfen, ihren Fluchtinstinkt zu überwinden, ist die Arbeit über den Körper. Wer aufgeregt ist, ist „außer sich“, spürt seinen Körper nicht mehr, das Nervensystem schaltet um auf Flucht- oder Kampfbereitschaft, lernen ist nicht mehr möglich. Deshalb ist jede Arbeit, die Pferd und Mensch wieder in den Körper bringt, besonders erfolgreich.

Die schnellsten und erstaunlichsten Erfolge erziele ich immer mit der TellingtonTTouch®-Methode, die sich mit jedem Reitstil und jeder Pferdesportdisziplin kombinieren lässt. Die Gründerin Linda Tellington-Jones, mit Pferden aufgewachsen und später viele Jahre Profipferdetrainerin und Ausbilderin von Reitlehrern, hat aus ihrer lebenslangen Erfahrung mit Pferden und ihrem Studium bei Dr. Moshe Feldenkrais eine Ausbildungs-, Behandlungs- und Trainingsmethode entwickelt, bei der Pferde lernen, den Fluchtreflex bewusst zu überwinden und Probleme durch Überlegen zu lösen. Biofeedback-Messungen haben bewiesen, dass sowohl bei Anwendung der Körperarbeit als auch bei der speziellen Bodenarbeit die Gehirnwellen für logisches Denken auch beim Pferd aktiviert werden. Der Erfolg ist umso größer, je bewusster auch die Intention, das klare Bild des gewünschten Ergebnisses, vom Menschen eingesetzt wird. Pferde reagieren sehr stark auf diese Bilder, sie können quasi unsere Gedanken lesen und bemühen sich immer, unsere Erwartung, sei sie bewusst oder unbewusst, zu erfüllen. Damit sind sie auch hervorragende Lehrer für „Gedankenhygiene"

Die TellingtonTTouch®-Methode ist einzigartig in der Welt, Pferden und Menschen ein hohes Maß an Sicherheit zu geben und auf eine verständnisvolle, freundschaftliche Art – wie beim Tanzen – die Führungskompetenz zu klären. Dabei kann sie von jeder/m leicht erlernt werden und bringt sehr schnell positive Ergebnisse. Die drei Teile der Tellington-Arbeit decken das gesamte Spektrum der Bedürfnisse von Pferd und Mensch ab:

- Der TellingtonTTouch®, einfach zu erlernende achtsame Berührungen, baut Vertrauen auf, verbessert die Selbstwahrnehmung und hilft den Zellen, sich an ihr ursprüngliches Potential für ihre vollkommene Funktion zu erinnern. Die sofort verbesserte Zellfunktion und die positive Wirkung auf Gesundheit und Immunsystem sind inzwischen durch zahlreiche Studien belegt.

- Die Tellington-Bodenarbeit im „playground for higher learning", das Führen in verschiedenen Führpositionen über Bodenhindernisse, verbessert die Koordination, Balance und Beweglichkeit. Sie hilft den Pferden, zu denken, anstatt zu flüchten, und weckt Neugier und den Spieltrieb, wodurch sie und wir leichter lernen.

- Das Reiten mit Freude und Bewusstheit bringt Mensch und Pferd in Harmonie und in ein gemeinsames Gleichgewicht in jeder Situation und Lektion. Dadurch sind Höchstleistungen in jedem Bereich möglich, egal ob es sich um einen auf Halsring ohne Kopfstück gerittenen Geschicklichkeitsparcour, einen 100-Meilen-Distanzritt oder eine olympische Disziplin handelt.

– Die TellingtonTTouch®-Methode wird außer bei Pferden auch bei Hunden, Kleintieren und Zootieren erfolgreich angewendet und ist seit vielen Jahren auch im Humanbereich immer weiter verbreitet. Besonders der TellingtonTTouch® ist als Selbsthilfe bei zahlreichen gesundheitlichen Beeinträchtigungen eine hervorragende und sehr effektive Ergänzung zu allen Therapien.

Beate Mayer: www.freude-am-reiten.de

Das Tier und sein Halter: Spiegelbild der Seele

Oft sind die Tiere Spiegelbilder der Seele des Menschen. Da unsere Aurafelder immer wieder ineinander übergehen, wenn wir nahen Kontakt zum Tier haben, zeigt es uns unseren Seelenzustand auf. Das kann zum einen das Verhalten des Tieres sein: eines, das ich besonders an ihm mag, oder auch eines, worüber ich mich maßlos ärgere. Wenn der Mensch mit einem Verhalten oder einer Situation in Resonanz geht, kann er sich sicher sein, dass das Thema auch in ihm zu finden ist.

Fallbeispiel:
Ich wurde zu einer Labrador-Hündin gerufen, die immer wieder entzündete Ohren mit eitrigem Ausfluss hatte. Der Tierarzt konnte keine Besserung erzielen. Ich kannte die Familie und deren Verhältnisse von Erzählungen, aber nicht den Hund. Als ich ankam, freute er sich so überschwänglich, dass er ständig hochsprang und sich im Kreis drehte und Aufmerksamkeit und Streicheleinheiten einforderte. Die Frau wurde ärgerlich und schrie die Hündin an. Ich sagte ihr, dass es für mich in Ordnung ist, wenn sie sich so freut. Sie erzählte mir auch noch, dass es unmöglich war, mit ihr an der Leine zu gehen, denn sie zog ständig und wollte frei laufen. Ja, und das war genau das Thema der Frau. Der Hund zeigte Lebensfreude, Aufmerksamkeitsdefizit, forderte Liebe ein und wollte Freiheit. Mit all diesen Emotionen ging die Frau in Resonanz, denn diese Aspekte lebte sie nicht.

Die ständigen Aggressionen der Frau waren Plusenergien, die zu Entzündungen führten. Der eitrige Ausfluss des Hundes war eine Folge der Entgiftung, welche die Organe nicht mehr schafften. Man kann sich mit Ärger und ständiger Unzufriedenheit auch den Körper „vergiften".

Leider konnte die Frau meine Ansicht nicht so ganz teilen, obwohl sie mir all diese Dinge bestätigte. Sie könne ihre Situation nicht ändern. Ich versuchte über ein Seelengespräch, der Hündin zu sagen, dass ich ihr Verhalten erklärt hätte, die Frau aber wahrscheinlich nichts ändern würde. Ich gab der Frau Ratschläge, den Körper ihres Hundes bei der Entgiftung zu unterstützen und, falls es nicht besser werden sollte, wieder den Tierarzt aufzusuchen.

Fallbeispiel:
Wir gingen an einem schönen Frühlingstag in einer Gruppe mit mehreren Menschen und zwei Hunden im Englischen Garten spazieren. Der Hund einer Freundin zog an der Leine und wollte immer vorne mit dabei sein. Ich hörte meine Freundin immer wieder

sagen: „Zieh nicht so, du musst nicht immer die Erste sein, du musst nicht immer vorne laufen!" Sofort schoss es mir durch den Kopf, dass genau das das Thema meiner Freundin war. Wie passend!

Hier auch ein eigenes Beispiel:

Kurz nach dem Tod meines Hundes Kayo trat ja bereits mein Pferd in mein Leben. Von Anfang an zeigte Lina mir mit ihren Symptomen meinen Seelenzustand an. Ich war an diesem Tag etwas aufgebracht darüber, dass ich schon wieder viel mehr Arbeit und Energie in andere gesteckt hatte als in mich selber. Ich spürte innerlich den Druck, dass es jetzt endlich an der Zeit war, meine Gaben, die ich von der Geistigen Welt bekommen hatte, in die Welt hinaus zu tragen. Immer wieder bekam ich die unterschiedlichsten Zeichen dafür. Immer wieder „verschob" ich es. Es war noch so viel anderes zu tun. Immer wieder gab ich die Schuld allen anderen, die mir ständig Arbeiten auferlegten und mich von meinem eigentlichen Vorhaben abbrachten.

Dann kam ich zur Erkenntnis, dass es an mir lag, diese Dinge zu verändern. Ich wusste nur nicht, wie.

Ich fuhr also zum Stall und stellte fest, dass mein Pferd einen starken Befall von Kribbelmücken hatte und die Augenentzündung wieder schlimmer geworden war. Das mit dem Kribbelmückenbefall war auffällig, zumal ich zwei Tage zuvor, an einem schönen lauen Sommerabend, von Kribbelmücken am ganzen Kopf gestochen worden war. Das war für mich schon ein Hinweis, einmal nachzulesen, was denn die seelische Ursache dafür war. Bingo ! Es traf das Thema genau. Am nächsten Tag, als der Tierarzt kam, war die Augenentzündung viel besser und sie hatte keine einzige Kribbelmücke mehr. Ach, da schau her ...

Zeugungsakt (Besamungsstation, Zuchttiere, natürliche Zeugung)

Da die Energie der Eltern und Vorfahren sowie die Energie aus dem Umfeld das Leben prägen, kann man sich vorstellen, dass Zuchttiere, die in einer Besamungsstation gezeugt wurden, ein „anderes" Energiefeld besitzen als natürlich gezeugte Tiere.

Vorgeburtliche Prägungen (der Eltern usw.)

Hier ist ausschlaggebend, was die tragende Mutter im „Alltag" erfährt. Ist sie auf engstem Raum eingesperrt, wird sie bedroht oder geschlagen – oder aber kann sie ihre Schwangerschaft harmonisch ausleben? Diese Energien/Schwingungen wirken sich auf den Embryo aus.

Geburtstrauma

Bei vielen Menschen liegt ein Geburtstrauma vor. Das gibt es auch bei Tieren. Es ist nicht einfach, aus der Wärme und Geborgenheit durch einen viel zu engen, dunklen Kanal ins Freie, Kalte und Unbekannte „gezwängt" zu werden.

Ist nachvollziehbar … ;-)

Festhalten an Parallelleben und -körpern

Auch das kann krank machen. Wenn eine Seele, die eben noch als Tier gelebt hat, beschließt, wieder als Tier zu inkarnieren, geht das recht flott in unserer Zeitrechnung. Die müssen nicht die ganze „Bürokratie" da oben durchlaufen. Dazu kommt noch, dass die Tiere, wie eingangs schon erwähnt, eine 5., 6. und 7. Auraschicht haben, die sich nicht abgrenzt. Das bedeutet, sie sind immer mehr als wir mit den feinstofflichen Ebenen verbunden. Das heißt aber auch, dass sie sich leichter an frühere bzw. Parallelebenen erinnern und diese zum Teil noch mit (er)leben.

Da es keine lineare Zeit gibt und somit alles immer zeitgleich geschieht (diese Zeitschiene existiert nur in unserer Dreidimensionalität), (er)leben wir alles zur selben Zeit. Somit gibt es auch in diesem Sinne keine Vorinkarnationen, sondern Parallelleben. Alles geschieht gleichzeitig.

Das wiederum kann auch Probleme verursachen.

Fallbeispiel:
Ich wurde zu einem Chihuahua gerufen, weil dieser in der Nacht immer wieder hustete. Der Arzt stellte ein zu langes Gaumensegel als Ursache fest. Bevor ich hinfuhr, setzte ich mich mit dem Tier in Verbindung. Ich sah ihn als Hund im Gras sitzen, als sich plötzlich seine Form zu verändern begann. Er wurde zu einem großen schwarzen Pferd. Erst dachte ich, ich wäre im falschen Film, und bat das Pferd zu gehen, aber es blieb. Es war die Seele des Hundes. „Aha, du bist noch gefühlsmäßig mit deinem vorherigen Körper verbunden", dachte ich mir. Ich wartete ab, was noch kam. Er gab mir noch ein paar andere Hinweise, wie zum Beispiel, dass er von der Liebe erdrückt wird und er die Freiheit leben will.

Ich fuhr also hin und als ich den Hund in seinem Körbchen vor einer Terrassentür liegend vorfand, sah ich seinen sehnsüchtigen Blick hinaus auf die Weiden hinter dem Fenster. Schnell war klar, dass er ein Kindersatz beider Eheleute war. Durch ihr Verhalten und durch das Gespräch kam auf, dass sie keine Liebe mehr füreinander empfinden. Beide projizieren alle Liebe nur auf den Hund.

Er wird erdrückt von Spielsachen, Leckerchen, Hundekörbchen usw. und dann war noch dieses tutsi, tutsi Hundileinchen …

Blöd, wenn man da noch die Verbundenheit zu einem riesigen, temperamentvollen Pferd spürt, dachte ich.

Ich behandelte sein Energiesystem, versuchte mit seiner Seele zu reden und unterhielt mich auch mit dem Ehepaar. Interessanterweise lebt auch die Frau ihre Freiheit nicht.

Lunge und Husten stehen übrigens auch für das Thema Freiheit/ Freiraum.

Zum Schluss erzählte ich den beiden noch, dass ihr Hund in einer „vorherigen Inkarnation" ein großes, stattliches schwarzes Pferd war. Ihnen noch zu erklären, dass es keine Zeitschiene gibt und alles zur selben Zeit abläuft, wäre ein bisschen zu viel gewesen. Nach den Gesichtszügen des Mannes zu urteilen war ja die Aussage mit dem Pferd schon eine Gratwanderung. Plötzlich schlug er mit seiner Hand auf den Tisch und meinte zu seiner Frau: „Siehst du, ich hab' dir doch schon die ganze Zeit gesagt, der Hund läuft wie ein Gaul." Grinsend verabschiedete ich mich.

Fallbeispiel:
Eine junge Frau fragte mich, ob ich denn bei ihrem Pferd etwas machen könnte, denn es zeigte sich überaus ängstlich. Als ich mir das Pferd so ansah, sah ich die Energie eines Rehes. Aha, dachte ich, deshalb diese Überängstlichkeit.

Zuerst wurde die junge Frau behandelt, denn sie hatte Ängste, die sich auch auf das Pferd übertrugen. Zwei Wochen später behandelte ich das Pferd, das daraufhin ruhiger wurde. Eine kurzzeitige Ängstlichkeit zeigte sich immer wieder, aber bei weitem nicht so schlimm wie zuvor. Ich sagte der jungen Frau, dass die Erinnerung an das Dasein als Reh immer noch präsent ist und sich das mit der Ängstlichkeit noch geben könnte. Sie schaute mich mit großen Augen an und meinte: „Jetzt weiß ich, warum mein Pferd immer am Ende der Koppel in der Ecke steht und die Rehe am Waldrand beobachtet."

Der Zweck der Mitteilung von Botschaften

Fallbeispiel:
Ich bekam folgende E-mail:

Hallo, liebe Heike,

Tiger ist ca. sechs Jahre alt, unkastriert, rothaarig, wuscheliges langes Fell, das momentan wieder recht verknuddelt ist. Er hat viele Zecken, hat den ganzen Winter total gerne draußen im Garten auf dem Boden geschlafen, auch bei Kälte und obwohl es andere Möglichkeiten gegeben hätte.

Während dem Zeckenband, das er ungefähr zwei Wochen trug und das seit nun schon wieder ca. vier Wochen entfernt ist, war er sehr scheu und ist abgemagert. Kaum entfernt, ist er wieder schmusiger. Er war als Teenager sehr schreckhaft – mein Sohn hat ihn öfters erschreckt und gejagt – da ist ihm wohl was geblieben. Es gibt wohl noch wenige „richtige" Katzen in unserer Nachbarschaft, da haben wir schon oft das Gefühl, dass er leidet. Tagsüber schläft er sehr viel in unserem Garten, vor drei Wochen hat er tagelang bei unseren Nachbarn unter einer Folie geschlafen, das musste brütend heiß gewesen sein. Nachts ist er wohl aktiv, da habe ich ihn schon in größerer Entfernung strawanzen sehen. Er maunzt nur leise, hört sich immer an, als wäre er heiser. Seit ungefähr einer Woche hat er hinter beiden Ohren immer wieder cent-große offene Stellen, die bluten, ich vermute vom Kratzen.

Ich fuhr zum „Hausbesuch". Die Frau nahm den Kater auf den Schoß und ich wollte ihn „nur" streicheln, um seine Energie aufzunehmen. Da krallte er sich bei ihr ein, sprang von ihrem Schoß und lief zur Tür. Wir probierten es behutsam ein zweites Mal. Wieder dasselbe, er fauchte und wehrte sich kräftig.

Da ließ ich es auf sich beruhen. Ich sagte zu ihr, dass er sich nicht behandeln lassen wollte. Ich würde abwarten, ob er eine Botschaft hätte.

Tatsächlich, drei Tage später meldete er sich bei mir. Er war sehr erbost. Er sagte:

„Hätte ich das gewusst, wäre ich nicht hierhergekommen. Ich bin als Botschafter der Liebe gekommen, ich will als geistiges Wesen anerkannt und akzeptiert werden, ich bin gekommen, um die Liebe zu leben und die Liebe zu verbreiten, bedingungslose Liebe, und die Frau soll die Liebe leben."

Ich teilte ihr am nächsten Tag die Botschaft mit und fragte sie, warum er denn so erbost sei. Sie meinte, dass ihr Sohn ihn schon mal von der Terrasse gekickt hätte und dass momentan alle Katzen in der Umgebung weg wären.

Tja, für einen Botschafter der Liebe natürlich blöd, dachte ich.

Sie fragte mich, ob ich denn am missglückten Behandlungstag auch schon etwas unternommen hätte, denn der Kater war am selben Abend schon viel zugänglicher. Ich verneinte, meinte aber zu ihr, dass die Seelen der Tiere sehr wohl spüren, dass sie mit mir Kontakt aufnehmen können und ich ihr Seelenleiden weitergeben kann. Somit war das schon mal der Anfang für ihn. Sie wurde über die Botschaft nachdenklich und bedankte sich bei mir.

Ich denke, die Botschaft hat bei ihr einiges ins Rollen gebracht, denn einige Tage später bekam ich folgende E-mail:

Hallo, liebe Heike,

Dem Tiger geht es jetzt viel besser, er hat wieder zugenommen, fast keine Zecken mehr, nur hinter dem Ohr kratzt er sich immer wieder auf. Das Mariendistelpräparat verweigert er. Ich gebe immer nur ca. 1/3 Kapselinhalt zum Fressen, und vermische es, aber da geht er dann und schaut es nicht an. Deine Behandlung hat viiiiiel in Bewegung gebracht, Heike.

Ich hatte, bevor ich damals ging, dem Tiger noch ein Mariendistelpräparat zur Leberreinigung empfohlen, ich hatte es radiästhetisch ausgemessen. Da sieht man wieder einmal, dass es eine Genesung gibt und dass alle Organe wieder richtig funktionieren können, wenn die Seele es unterstützt. Tiger hat einfach seine Selbstheilungskräfte wieder in Gang gesetzt, als er verstanden wurde, und somit brauchte er kein Mariendistelpräparat. Er reinigt seine Leber selbst.

DAS THEMA KREBS BEI MENSCH UND TIER

Jedes Symptom, jede Krankheit, auch jeder Unfall ist aus Sicht der Seele etwas Sinnvolles. Die Seele möchte etwas zum Ausdruck bringen.

Somit hat jede Krankheit einen seelischen wie auch einen biologischen Sinn, auch der „Krebs."

Der Körper ist ein Meisterwerk der Natur, warum sollte er sich zerstören wollen?

Genau an dieser Stelle möchte ich das BioLogische Heilwissen von Rainer Körner mit einbringen, das ich auch durch eigene Erfahrungen bestätigen kann.

Da die Tiere, genauso wie die Menschen, Konflikte erleben und ein Regulationssystem besitzen, kann man das BioLogische Heilwissen somit auch bei Tieren anwenden.

Das BioLogische Heilwissen basiert auf fünf biologischen Naturgesetzen, die für alle Lebewesen gültig sind.

Somit hat es einen Sinn, wie der Körper auf verschiedene Konflikte, die die Seele erleidet, reagiert.

Grundsätzlich ist jede Reaktion des Organismus in jeder Phase des Geschehens ein Versuch der Selbstregulation und daher biologisch sinnvoll, auch wenn sie für die betreffende Person/Tier im Moment als belastend und unverständlich erlebt wird. Jede Krankheit macht auf einen anstehenden Lern- und Entwicklungsschritt aufmerksam. Zur Überwindung einer Krankheit oder eines Symptoms bedarf es meist der Entfaltung neuer seelischer Qualitäten, um den Konflikt zu lösen.

Hier ein eigenes Beispiel von meinem Hund Kayo:

Am 7. März 2007 wurde bei ihm Hodenkrebs diagnostiziert. Dieser entstand durch einen Verlustkonflikt, wie ich im Folgenden kurz erklären werde.

Die Vorgeschichte dazu:

Kayo und ich lebten seit fünf Jahren allein in einer kleinen 2-Zimmerwohnung. Im September 2006 lernte ich einen Mann kennen, dessen Begleiter eine Collie-Mischlingshündin war. Kayo fand Gefallen an der Hündin und versuchte sie ständig für sich zu vereinnahmen. Es war für ihn der erste richtige, intensive Kontakt zu einer Hündin. Kurz darauf fühlte ich, dass der Mann nicht der Richtige für mich war, und somit trennte ich mich im Dezember 2006 von ihm.

Die Trennung bedeutete für Kayo natürlich auch die Trennung von seiner „Hundefreundin“.

Jetzt kommt die Mehrphasigkeit des Krankheitsprozesses zum Tragen.

1. **Phase**
   Gesundheit bei Kayo

2. **Phase**
   Verlustkonflikt!

3. **Phase (Zellveränderung / Funktionsveränderung)**
   Zellabbau – Funktionsminderung und Nekrosen des interstitiellen Hoden-Gewebes. Die konfliktaktive Phase bleibt je nach Konfliktintensität und -dauer symptomatisch meist unbemerkt. Eventuell wird ein leichtes Ziehen im Hoden bemerkt, Absinken des Testosteronspiegels, bei längerer Konfliktdauer: verkleinerter Hoden, Schrumpfhoden.

4. **Konfliktlösung**
   Die konfliktaktive Phase dauerte bei Kayo etwas mehr als zwei Monate. Dann fand er sich offensichtlich damit ab.

5. **Heilungsphase A – Organreaktion (Entzündungs- und Schwellungsphase, vagoton)**
   Zellplus – Wiederauffüllung der Nekrosen mit Hodenschwellung. Am 6. März entdeckte ich bei Kayo den angeschwollenen Hoden. Am 7. März diagnostizierte die Tierärztin einen Hodentumor.

Da ich damals noch nichts über das BioLogische Heilwissen wusste, ließ ich Kayo in dieser Heilungsphase A operieren.

Noch ein Beispiel anhand meines Pferdes Lina:

Mein Pferd Lina stand mit zwei Wallachen in einer Herde zusammen. Als zwei neue Stuten hinzukamen, wollte Lina ihre „Männer“ nicht mit diesen teilen. Sie trat nach den Stuten und verbiss sie.

Deshalb musste sie die Herde wechseln. Sie kam in eine reine Stutenherde, von wo sie aus ihre Wallache nicht mehr sehen konnte. Als sie in die neue Herde kam, sagte sie mir, dass sie wieder in die andere Herde zurück möchte und die zwei Kaltblutstuten doof findet. Tatsächlich war die Eingliederung in die neue Herde etwas schwierig. Ich sagte Lina, dass eine Umstellung zu ihren Wallachen nicht mehr möglich sei, ich ihr aber helfen würde. Ich entschied mich für Familienstellen für Pferde mit Harmonisierungszeichen. Bereits am nächsten Tag war es schon besser.

Nach cirka zwei Wochen wurden die Weiden geöffnet. Die Weide von Linas Herde liegt direkt neben ihrer alten Weide. Somit sah sie plötzlich ihre „Männer" wieder. Kurze Zeit später bekam sie eine starke Bindehautentzündung im rechten Auge. Die rechte Seite steht u.a. für den männlichen Partner oder eben auch den männlichen Aspekt.

Was war passiert?

1. **Gesundheit der Augen und natürliche Funktion der Bindehaut**

2. **Konfliktinhalt (visueller Trennungskonflikt)**
   Konflikt, jemanden aus den Augen zu verlieren.
   Lina wurde von ihrer Herde und den zwei Wallachen getrennt.

3. **Konfliktaktive Phase – Organreaktion**
   Zellminus (Ulcera) der Bindehaut (Konjunktiva)
   Diese Phase wird klinisch wie auch subjektiv meist nicht bemerkt, da hier kaum Symptome zu sehen sind.

4. **Lösung oder Teillösung des Konfliktes**
   Die Weiden werden geöffnet und Lina sieht ihre „Männer" wieder.

5. **Konfliktgelöste Phase A – Organreaktion**
   Wiederauffüllung der Ulcera der Bindehaut

Mögliche Symptome und Diagnosen:
Rötung der Bindehaut (Bindehautentzündung, Konjunktivitis) mit Schmerzen und Brennen
Bei Lina gerötetes Auge mit Tränenfluss.

6. **Heilkrise**
   Auspressen von Schwellungsödem im Gehirn und Organ
   Stark geschwollenes Auge bei Lina. Sie konnte das Auge kaum öffnen.

7. **Heilungsphase Teil B**
   Bindegewebsphase, Vernarbungs- und Abheilungsphase, vagoton
   Die Schwellung ging langsam zurück.

8. **Ende des gesamten Notprogramms**
   Linas Bindehautentzündung dauerte cirka 10 Tage.

9. **Neue Gesundheit**

Was ich euch anhand dieser Beispiele und des BioLogischen Heilwissens aufzeigen möchte, ist, dass alles seinen Sinn hat. Ihr habt nun die Möglichkeit, euch anhand dieses Wissens weiter zu informieren.

Rainer Körner bietet wunderbare Seminare an und arbeitet auch in seiner Praxis umfangreich mit diesem wundervollen BioLogischen Heilwissen.
Weitere Info unter: www.BioLogisches-Heilwissen.de
und www.sanasophia.de

Ich bin glücklich, Rainer Körner als lieben Freund kennen gelernt zu haben, und freue mich schon auf viele weitere gemeinsame Fälle – aus der Tier- und Menschenwelt. DANKE!

ERNÄHRUNG AUS KÖRPERLICHER UND ENERGETISCHER SICHT

Warum ist es so schwierig, die richtige Ernährung für das Tier zu finden?

Warum kann der eine Billigsorten-Pellets fressen und ist sein Leben lang gesund, der andere Barfen oder teures Dosenfutter bekommen – und ihm fehlt trotzdem dauernd etwas?

Weil es auf den seelischen Zustand des Körpers ankommt! Ist das Tier stark und ausgeglichen in seinem Energiefeld, kann es alles vertragen.

Wie wir uns erinnern, bekommen wir nur 15% Energie über das Essen.

Beispiel:
Die Straßenhunde in den südlichen Ländern können sich ihr Fressen nicht aussuchen und dennoch sind dort manche Tiere gesünder oder leben auch länger als ein im Haushalt lebendes europäisches Tier. Als ich in Sri Lanka war und all die freilaufenden Tiere auf der Straße sah, spürte ich von den Tieren viel mehr Zufriedenheit und Verbundenheit ausgehen als hier. Sie können ihre Freiheit und ihr Leben so leben, wie sie es möchten. Sie werden nicht eingesperrt, nicht dem Sonnenlicht entzogen und müssen nicht auf engstem Raum leben.

Da bei den wenigsten Tieren das Umfeld hier passt, sollte man wenigstens darauf achten, dass das Futter noch genügend Lebensenergie (Bovis-Einheiten) enthält. Denn nicht nur der Platz für das Tier ist ausschlaggebend für Vitalität und Gesundheit, sondern auch die Lagerung des Futters vor Ort oder beim Lieferanten. Der Bovis-Wert ist eine Messeinheit, mit der man die Lebensenergie von Substanzen, Lebensmitteln, Organismen und Örtlichkeiten misst.

Gemessen wird dies radiästhetisch in Bovis-Einheiten nach der Skala des französischen Physikers Alfred Bovis (1871–1947).

1000 - 3000	Bovis-Einheiten	Giftstoffe
3000 - 6000	Bovis-Einheiten	Genussmittel
6000 - 8000	Bovis-Einheiten	Nahrungsmittel
8000 - 12000	Bovis-Einheiten	Lebensmittel
12000 - 14000	Bovis-Einheiten	Heilsubstanzen

Produkte unter 6.000 Bovis-Einheiten schwächen den Organismus, Energie wird abgebaut statt aufgebaut.

Untersuchungen haben gezeigt, dass Nahrungsergänzungsmittel, die auf Störfeldern gelagert wurden, keine verwertbaren Vitalstoffe mehr besitzen.

Auch Arzneimittel, insbesondere homöopathische, verlieren schnell die Wirkung, wenn diese auf Störfeldern aufbewahrt werden.

Geopathogene Strahlungen übertragen sich auf das Wasser und rauben dem Futter die Vitalstoffe.

Ebenfalls sollte auf die Qualität des Trinkwassers oder dessen Verlauf und Lagerung geachtet werden. Besonders bei Pferdetränken.

Fallbeispiel:
Ich hatte einmal einen Fall in Österreich: Ich kam an einer Pferdekoppel vorbei und eines der Pferde sprach mich immer wieder darauf an, dass sie Wasser brauchten. Ich sah mir die Koppel genauer an und entdeckte eine Baggerschaufel mit rostigem Regenwasser als einzige Trinkquelle. Leider achten die Menschen viel zu wenig auf die Bedürfnisse der Tiere. Am Abend konnte ich endlich jemanden ausfindig machen, der den Besitzer kannte. Er wollte ihm das ausrichten. Leider konnte ich nicht selbst mit ihm sprechen.

Worauf beim Futter zu achten ist …

Durch Massenzucht und Genprodukte:

- enthalten viele Gemüse- und Obstsorten nicht mehr die Vitamine, Mineralstoffe und Spurenelemente, die wir eigentlich benötigen.
- enthält Fleisch zu viel Schwingungsenergie von Stress und Angst (Zuchtfarmen, Legebatterien, Schlachthof).
- entsteht Quantität statt Qualität (Antibiotika, Kraftfutterzusätze usw.).
- liegt das Futter immer länger in der Verpackung (Plastiktüten, Aluminiumdosen, auch noch mit Strichcodes versehen).

Hersteller (auch dessen Energie ist ausschlaggebend)

Lagerung (beim Hersteller und auch zu Hause)

Folgende Tipps werden euch vielleicht unnötig vorkommen, aber glaubt mir, ich gebe diese aus guten Gründen meiner Praxiserfahrung mit Tierhaltern weiter:

- Futter aus Plastiktüten in Glasbehälter umfüllen (am besten blaue oder grüne)
- Auf Strahlenbelastungen achten (Lagerung nicht neben Mikrowellen, auf Störfeldern, im Röntgenraum, bei Computern usw.)
- Strichcodes auf den Verpackungen entweder durchstreichen, mit einer liegenden 8 harmonisieren oder ganz von der Verpackung nehmen. Einige Hersteller von Produkten streichen von vornherein den Strichcode durch oder harmonisieren diesen durch einen Buddha.
- Abwechslung beim Futter ist gefragt – ist aber nicht einfach!

- Frischfutter, Pellets, Dosenfutter am besten mit Einhandrute vorher ausmessen, welches Futter gerade passend ist!
- Bei Pferden ist auf wechselndes Angebot der Wiesen zu achten. Die Böden sind meist stark übersäuert. Die Gräser und Pflanzen haben dadurch nicht mehr die Vitalstoffe, die das Pferd braucht. Hier ist auf Zink- und Selenmangel zu achten!
- Immer ausreichend frisches und gutes Wasser bereitstellen!!

Wie kann ich das Futter „aufwerten"?

- Futter und Wasser nur aus (am besten durchsichtigen) Glasschüsseln geben. Somit schwingt keine Metall- oder Plastikinformation mit. Die Glasschüsseln lassen sich gut säubern und man kann ihren Inhalt durch z.B. Energiebilder oder auch andere Informationsträger energetisieren.
- Man kann mit Heilsteinen ein Steinwasser herstellen. Jeder der Heilsteine hat eine besondere Funktion bei Beschwerden, sei es körperlich, psycho-somatisch oder auch seelisch. Einfach nachlesen, austesten oder intuitiv entscheiden, welcher am besten geeignet ist.
- Heilsteine können dem Tier auch um den Hals gehängt werden. Hier wirken sie zusätzlich auf das Energiefeld des Tieres ein.
- Das Futter und das Wasser mit eigenen Händen in Liebe segnen.

Darauf ist zu achten:

- Immer saubere Schüsseln bereitstellen
- Immer frisches Wasser geben
- Größeren Hunden die Schüssel höher stellen
- Nach dem Essen das Futter wegstellen, nicht stehen lassen! Gefahr von Maden!

- Kein kühlschrankkaltes Essen geben – körperwarm (hunderassenbedingt)
- Standort der Fütterung beachten (z.B. nicht auf der Toilette, im Computerraum, in der Garage usw.)
- Regelmäßige Fütterung entlastet den Magen-Darm-Trakt.
- Das Tier sollte stressfrei gefüttert und essen können.
- 2 x am Tag füttern (Welpen öfters und ältere Hunde 3 x am Tag), die Ration ist hier dann aufzuteilen.
- Abends nicht nach 18:00 Uhr füttern, da dann der Stoffwechsel herunterfährt.
- Gemüse und Kräuter am besten pürieren. Die Wölfe und Raubtiere fressen beim erlegten Wild zuerst den Mageninhalt und die Innereien und dann erst das Muskelfleisch. Somit haben sie die notwendigen Enzyme, um das Futter gut verwerten zu können. Was nützen einem Hund die Knochen, wenn er sie mangels Enzymen nicht verwerten kann?
- Für Hunde – nach dem Essen nicht springen oder wild laufen, am besten ruhen.
- Keine verschimmelten Nahrungsmittel füttern (Karotten, Brot, Äpfel, besonders ist auf Heu, Stroh und Siloware zu achten).

Bei Krankheit kann unterstützend mit Lebensmitteln gefüttert werden, die aufgrund ihrer thermischen Eigenschaften (kühlend, neutral, wärmend) nochmals eine besondere Wirkung auf den Organismus haben!

Auch hierzu gibt es gute Literatur!

Tiere sollten zeitgemäß gefüttert werden! Was früher galt, kann jetzt mit den veränderten Umwelteinflüssen nicht mehr passen.

Sicherlich stammt der Hund vom Wolf ab, aber unsere Hunde leben nicht in freier Wildbahn mit Frischfleischangebot im Komplettpaket.

Die Wölfe leben nicht in Häusern und Städten mit Elektrosmog und dem Stress der Menschen.

Die Wölfe, Pferde, Hunde und Katzen wurden früher nicht krankgeimpft!

Man sollte sich dies einmal vor Augen halten!

Nein, und es ist nicht normal, dass Hunde sich übergeben, dass Pferde Holz fressen, die Katzen den Putz von der Wand lecken usw.

Seht hin und hört hin,
übernehmt wieder die Verantwortung für euer Tier!

TIERHALTUNG AUS KÖRPERLICHER UND ENERGETISCHER SICHT

Um unnötiges Leid und Krankheiten vorzubeugen, ist eine artgerechte Haltung unabdingbar. Jeder Einzelne kann dazu beitragen.

Hier ein paar Tipps:

- Pferde sind Herdentiere, sie brauchen den Kontakt. Am besten Offenstallhaltung. Ist dies nicht möglich, unbedingt auf große Fenster in der Box mit Sichtmöglichkeit achten. Die Box gegebenenfalls harmonisieren. Regelmäßiger Weidegang und Bewegung sind dringend erforderlich.

- Hunde sind ebenfalls Rudeltiere – eine reine Zwingerhaltung draußen im Freien ist absolut gegen die Natur der Tiere.

- Tiere immer mit Artgenossen zusammenstellen.

  – Pferde und Esel / Meerschweinchen und Hasen haben eine unterschiedliche Gebärden- und Körpersprache -> Missverständnisse sind vorprogrammiert.

- Keine geschlossenen Metallhalsbänder dauerhaft tragen lassen, besonders bei Hunden (hemmen den Meridianfluss)

- Schlafplatz aussuchen lassen (wegen geopathogener Störfelder)

- Chip im Körper möglichst vermeiden (er ist ein Fremdkörper im Körper – kann wandern und somit Schäden im Körper verursachen – Funkwellen können Zellkommunikation stören)

- Gute Harmonisierer verwenden, falls Flucht nicht möglich ist (Boxenhaltung). Mit Einhandrute für das Tier ausmessen.

Bei Tieren, die nur in Stallhaltung leben, können folgende Symptome auftreten:

- unruhiges Hin-und-her-Laufen in der Box und im Stall
- höhere Nervosität und Reizbarkeit
- das Fell wird glanzlos und struppig
- vermehrt Todesfälle
- Beinbeschwerden, Hufrehe, Strahlfäule, Hufabszess
- Koliken
- Verdauungsbeschwerden
- allgemein schwaches Immunsystem u.v.m.

Bei Rindern, die keine Ausweichmöglichkeiten haben, wurden u.a. folgende

Anzeichen beobachtet:

- vermehrte Aggressionen
- Euter-Entzündungen
- Fehlgeburten
- vermehrt Todesfälle
- allgemein schwaches Immunsystem u.v.m.

Die Körperpflege ist, besonders bei Hunden, auch wichtig:

- **Regelmäßig Krallen schneiden lassen**
  eine Münze sollte beim Stehen des Hundes darunter passen. Zu lange Krallen können Schmerzen verursachen und somit Fehlhaltungen begünstigen!
  - Auf Krallenbeschaffenheit achten – brüchig ?

- **Regelmäßig vorsichtig Ohren putzen**
  - Auf schwarze, nicht zu entfernende Flecken achten (Seborrhoe)
  - Zu viel Dreck in kurzer Zeit (Entgiftungsorgane überlastet oder hormonelle Störungen)
  - auf Parasiten achten

- **Zähne putzen / Zahnfleisch massieren**
  - Auf Karies achten – ist das Zahnfleisch entzündet?
  - Dabei auch auf bräunliche Verfärbungen der Haare an den Lefzen achten (Leber)

- **Die Augen regelmäßig ansehen**
  - Die Skleren auch mit ansehen: Ziehen sich braune Punkte oder Schlieren von der Pupille weg nach hinten ins Weiße des Auges? (Hinweis auf Leberdysfunktion)
  - Sind die Skleren gelblich? (Hinweis auf Leber-, und Galledysfunktion)
  - Sind die Augen zu feucht, eventuell mit Sekret (gräulich, grünlich), kann das ein Hinweis auf eine Bindehautentzündung sein -> Zug, Ostwind und Gräser meiden. (Seelischer Grund, etwas oder jemanden nicht mehr sehen zu können. Achtung, hier ist die Entzündung die Heilungsphase)

- **Bei langhaarigen Rassen – Unterwolle entfernen**
  Kamm, Bürsten, Trimmgeräte usw. – Hunderassenbedingt, am besten mit kompetenter Beratung einkaufen

- **Regelmäßige Hundemassage**
  - regt Durchblutung an,
  - beugt Muskelverspannungen vor und
  - fördert das Vertrauen

- **Keine Ketten-, Würge- und Stachelhalsbänder**
  - Gefahr der Wirbelverschiebungen
  - Reizung, Quetschung des Kehlkopfes
  - Verletzungen der Muskulatur im Bereich des Halses

  Das Beste wäre hier ein gut angepasstes Brustgeschirr! Achtung! Beim Brustgeschirr, wenn überhaupt, dann nur liebevolle Aufschriften. Erinnert euch, dass die Schrift auch den Körper informiert.

- **Keine „Schock-Halsbänder"**
  - Stromschläge können das Nerv-Muskel-Zusammenspiel beeinträchtigen.
  - Das energetische Umspannwerk, das die Spannung der Muskel- und Gehirnströme koordiniert, kann geschädigt werden.

- **Kupierte Hunde**

  Sie haben es nicht nur mit Artgenossen schwer, denn sie können mit den Ohren und dem Schwanz keinerlei Körpersprache mehr zeigen. Auch können sie immer noch Schmerzen haben (Phantomschmerzen), abgesehen davon, dass die energetischen Bahnen durchtrennt werden und das 1. Energiezentrum – das Wurzelchakra – beeinträchtigt wird.

- **Kastrations- und Sterilisationsnarben**

  Die Narben sollten auf Störfelder hin überprüft werden, denn auch diese können den Meridianfluss unterbrechen.

- **Sportart und Zeitpunkt**
  - Hunderassenbedingt und auch vom jeweiligen Hund

(Gemüt) abhängig, ist die richtige Sportart mit geeignetem Fachpersonal herauszufinden.

- Auch der richtige Zeitpunkt, um mit dem Sport anzufangen, ist wichtig, um spätere Schäden zu vermeiden. Unbedingt warten, bis die Wachstumsphase abgeschlossen ist. Abhängig von der Rasse.
- Vor dem Sport unbedingt aufwärmen!

◆ **Anreiten von Pferden**

- Nicht zu früh damit anfangen. Warten, bis die Knochen ausgereift sind. Auch wenn man meint, das Eigengewicht sei nur gering und das Pferd habe eine starke Muskulatur. Fängt man zu früh damit an, sind Schäden am Bewegungs apparat vorprogrammiert! Vor allem wenn man das Pferd zu früh mit Springen usw. überfordert.
- Auswahl des richtigen Sattels und des richtigen Zaumzeugs! Am besten beides vorher mit kinesiologischen Tests oder mit der Einhandrute testen!
- Auf die Hufe achten, falsche Hufstellung kann Ursache für viele Schäden am Bewegungsapparat sein.
- Eine gute Reitschule ist auch hier Voraussetzung für ein gesundes Pferd.

Hierzu folgender Beitrag von einer Freundin:

Silvia Hofmann, Reitlehrerin und Hufpflegerin, Taping für Hunde und Pferde, Craniosacrale Osteopathie, Lasertherapie, Klassische Pferdemassage

„Durch unzureichende Hufpflege, schlechtes Reiten, schlecht sitzende Reiter und Sättel kommt es über kurz oder lang leider auch zu Schäden am Pferd. Oftmals sind die Pferde völlig verspannt, was sich aber nicht immer nur auf den Rücken auswirkt. Schlechte Hufstellung (zu flach oder zu steil, oder oftmals eine Seite zu steil und die andere zu flach) führt zu falschen Bewegungsabläufen, die auf die Dauer das Skelett, Sehnen, Bänder und Muskeln überlasten.

Bei der Hufbearbeitung, im Freilauf nach der Bearbeitung oder beim Reitunterricht kann das geschulte Auge Lahmheiten erkennen und durch langjährige Erfahrung diese auch zuordnen, denn auch hier ist es nicht immer so, wie es scheint. Oftmals behandeln die Osteopathie oder auch die Tiermedizin leider auch nur die Symptome, aber nicht die Ursachen. Dann laufen die Pferde meist ein paar Wochen oder Monate und schon sind sie wieder lahm.

Man muss also ganz gezielt die Ursache suchen und dann auch durch z.B.: Lasertherapie (Laserdusche), Massagen, gezielte Osteopathie, Bewegungstherapien, Taping, ordentliche Hufpflege und guten Reitunterricht ganzheitlich das System Reiter-Pferd ins Gleichgewicht bringen. Nicht nur am Pferd, auch am Reiter muss also gearbeitet werden.

Und wie es immer so ist, ist auch bei jeder Therapie der Reiter selbst gefragt, um möglichst schnell gesundheitliche Veränderungen beim Pferd zu erkennen. Nur die wenigsten Reiter werden es sich leisten können und wollen, jeden Tag den Therapeuten am Stall zu haben, oder sein Pferd über Monate in Reha zu stellen.

Jeder ist in der Lage, seinem Pferd die Hufe zu waschen, trocknen zu lassen und dann die erforderlichen Hilfsmittel auf den sauberen Huf aufzutragen. Jeder, der eine genaue Anweisung bekommen hat, ist in der Lage, die Massage durchzuführen und Gymnastik mit seinem Pferd zu machen. Diese täglichen Aufgaben fordern vom Pferdebesitzer jede Menge Disziplin und fördern das Vertrauen des Pferdes zu uns Menschen. Außerdem merkt unser Vierbeiner, dass er nicht nur immer seinen Zweibeiner auf seinem Rücken durch die Landschaft tragen muss.“

www.silviahofmann.oyla.de

Zucht

Nur um die wahnwitzigen Vorstellungen beziehungsweise Vorlieben der Menschen zu befriedigen, werden immer wieder neue Rassen gezüchtet. Rassen, die mit gesunden Tieren nichts mehr zu tun haben, und das nicht nur bei Hunden. Es werden Extreme gezüchtet, die nicht von der Natur vorgesehen sind. Wir unterstützen das Ganze noch, indem wir diese Rassen kaufen. Ist die Nachfrage da, wird produziert. In Asien werden bestimmte Hunderassen, wie z.B. der Chow-Chow, zum Essen gezüchtet. So wird hier Wert darauf gelegt, dass die Hinterläufe gerade sind und nicht mehr die physiologische Haltung des Beines aufweisen, damit mehr Muskelfleisch wachsen kann.

Wie würdet ihr euch fühlen, mit auf den Rücken zusammengeschnürten Beinen auf der Straße zu liegen und als Essen verkauft zu werden? Hunde sind Geschöpfe mit einer Seele, die Schmerz, Angst und Leid genauso, wenn nicht noch mehr, spüren als wir Menschen. Es wird gezüchtet, was das Zeug hält. Hündinnen werden als Zuchtmaschinen missbraucht und ausgelaugt.

Wie würdet ihr euch fühlen, wenn ihr euer Leben lang nur schwanger wärt und eine Geburt nach der anderen hättet?

Was nicht gebraucht wird, wird getötet, ausgesetzt oder kommt ins Tierheim. Es gibt immer mehr „private" Züchter, die sich durch den Verkauf von Welpen einen guten Verdienst erhoffen. Die meisten haben keine Ahnung von Aufzucht, Fütterung und Haltung. Unterstützt das bitte nicht durch den Kauf eines solchen Welpen! Es gibt so viele Hunde auf dieser Welt, es müssen nicht noch mehr produziert werden. Wenn sich die Seelen entschließen, als Tier auf die Welt zu kommen, wird die Natur es schon so einrichten.

Kühe und Pferde werden größtenteils zwangsbesamt. Dazu wird entweder der Stute der Samen, der dem Hengst „entnommen" wurde, per Hand eingeführt oder sie wird für die Besamung durch den Hengst gefesselt und ruhiggestellt.

Wie würdet ihr euch fühlen, wenn ihr an den Hinterbeinen gefesselt werdet, euer Hals mit einer Manschette umwickelt wird und ihr mit einer Nasenbremse ruhiggestellt werdet, so dass der männliche Part eindringen kann. Erinnert das nicht eher an eine Vergewaltigung?

Aber hier zählt ja nur das Geschäft, ohne Rücksicht auf die Gefühle und die daraus resultierenden Traumata für Hengst, Stute und Fohlen.

Massentierhaltung

Denken wir nur einmal an die:

Hühner, die in Legebatterien gehalten werden. Die Hühner schneiden sich die Füße an den Gittern auf; die Schnäbel werden ihnen abgezwickt, damit sie sich nicht gegenseitig verletzen, weil sie nicht genügend Platz haben.

Wie würdet ihr euch fühlen, Feder an Feder auf Gitternetzen aus Metall zu stehen, bis die Füße durchgeschnitten und wund sind? Und wenn du als männliches Küken geboren wirst, fährst du auf einem Fließband direkt in den Tod.

Schweine, die in ihrem eigenen Dreck und ihren Fäkalien leben müssen. Schweine sind von Haus aus sehr reinliche Tiere. Oft bleibt ihnen aber nicht einmal der Platz zum Hinlegen, da die Stellplätze so eng mit Eisenstangen begrenzt sind, dass sie sich nicht einmal umdrehen können.

Rinder, die in ihrem Leben noch nie eine Wiese gesehen haben. Sie stehen tagein tagaus in dem dampfigen und stinkenden Stall, ohne jegliche Bewegung.

Wie würdet ihr euch fühlen, nie die Natur gesehen und gespürt zu haben? Die Sonne auf eurer Haut gefühlt zu haben, den frischen Wind eingeatmet zu haben? Ihr steht Tag für Tag auf derselben Stelle, in derselben Box und fristet euer Dasein. Ihr fühlt Stunde für Stunde das Leid der anderen, die Angst und manchmal auch die Verzweiflung.

Kälber, die kurz nach der Geburt schon von ihren Müttern getrennt werden und in kleinen Plastikhütten auf ihren Tod warten.

Wie würdet ihr euch fühlen, wenn eure Familie auseinander gerissen würde? Euer Baby würde euch weggenommen werden und auf zwei Quadratmeter in einen Käfig gesperrt werden. Wartend auf den Schlachthof.

Habt ihr schon einmal in die Augen
der verängstigten Tiere geblickt?

Habt ihr schon einmal einen Schlachthof von innen gesehen?

Sicher sind viele Seelen darunter, die in einem anderen Leben diejenigen Menschen waren, die den Tieren dieses Leid zugefügt haben und jetzt das gleiche Schicksal wie diese erleiden. Dennoch darf sich das Bewusstsein nun ändern und je eher wir damit anfangen, umso besser.

Fragt euch einfach immer: Wie würdet ihr euch fühlen, wenn …?

Ja, fühlt euch hinein in jede einzelne Situation. Ich kann hier viel schreiben, es sind nur Worte. Fühlt hin und verändert etwas. Gebt dieses Gefühl weiter und weiter: Je mehr Menschen anfangen, mit den Tieren zu fühlen, umso mehr Heilung kann geschehen.

Denkt daran, dass die Tiere die Verbundenheit untereinander noch mehr spüren als wir, sie nehmen alles wahr, jede noch so kleine emotionale Veränderung.

Sie empfinden Angst, Trauer und Schmerz genauso wie Freude, Liebe und Leichtigkeit ...

SEELENABSPRACHEN ZWISCHEN MENSCH UND TIER

Wie ich bereits erwähnt habe, kommen wir alle aus ein und derselben Quelle. Das heißt, wir Seelen sind gleich. Die einen haben mehr, die anderen weniger Erfahrungen gemacht, was aber nicht als besser oder schlechter zu bewerten ist. Als Seele werten wir nicht und besitzen auch keinerlei Emotionen. Alles WAS IST, IST!

Um nun zu erfahren, wie es sich anfühlt, Emotionen zu haben, energetische Verstrickungen zu anderen Seelen oder Situationen zu lösen und somit unser Bewusstsein auf eine höhere Seinsebene zu bringen, beschließen wir, uns ein Körperfahrzeug zu nehmen und auf der Erde zu inkarnieren. Übrigens, wer auf der Erde inkarniert, ist schon sehr mutig, ist sie doch der Planet mit den größten Herausforderungen.

Wir kommen also auf die Welt, um Erfahrungen zu machen. Auf der Erde herrschen Polaritäten. Wenn wir Freude erfahren wollen, sollten wir vorher wissen, wie es ist, traurig zu sein, und umgekehrt. So brauchen wir immer andere Seelen, durch die wir diese Erfahrungen machen können. Das sind meist Seelen aus der selben Seelenfamilie (das sind die Seelen, 144 an der Zahl, die einander immer wieder begegnen, durch alle Inkarnationen hindurch). Deshalb hat man auch häufig das Gefühl – und zu dieser Zeit immer öfters –, einen eben erst getroffenen Menschen schon ewig zu kennen. Es ist bereits eine gewisse Vertrautheit da. Auch mit Tieren kann das so sein. Immer wieder inkarnieren hohe und weise Seelen, die wir möglicherweise bereits kennen, in Tierkörpern. Man kann noch so viele Tiere gehabt haben, es gibt immer eines (es können auch mehrere sein), das besonders herausstach, das man ganz besonders mochte, zu dem man eine ganz starke Bindung hat oder hatte.

Einigen von euch kommt dies sicherlich bekannt vor. Nämlich denjenigen, die „Die kleine Seele spricht mit Gott" von Neil Donald Walsh gelesen haben

Manchmal braucht es eben einen Hund, der uns aus der Depression hilft, oder ein Pferd, das uns im Alltag stärker werden lässt. Seelenabsprachen sind vorgegeben, können aber jederzeit kurzfristig geändert werden. Die Erde ist ein Planet des freien Willens. Jeder kann Ja und Nein sagen. Somit kann der Seelenplan verlassen werden. Dann braucht es Menschen oder auch Tiere, Krankheiten, Symptome oder auch Unfälle, um den Menschen wieder auf seinen Weg zu bringen.

DAS ZUSAMMENLEBEN MIT EINEM TIERISCHEN GEFÄHRTEN

Das Zusammenleben mit einem tierischen Gefährten kann man sich erleichtern, indem man herauszufinden versucht, was für eine Seele man denn an seiner Seite hat.

Wenn es eine Seele ist, die sich z.B. hier als Tier nur erholen will, möglicherweise von einem anstrengenden Erdenleben als Mensch oder auch Tier

- dann wird das z.B. ein typischer Hund sein, mit Stöckchen holen, Ball spielen, Schlafen, Fressen, Herumliegen, Sonnen usw.

Das sind dann die Seelen, die sich vielleicht als Mensch gewünscht haben: „frei zu sein wie ein Vogel“ oder: „so ein Hundeleben möchte ich auch mal haben“ usw.

Oder die Seele ist zum ersten Mal in einen Tierkörper inkarniert

– dann wird sie – handelt es sich z.B. um einen Hund – für einen Hund untypische Verhaltensweisen an den Tag legen: Der Hund „probiert“ seinen Körper aus, hat möglicherweise Koordinationsschwierigkeiten, kann mit Artgenossen nichts anfangen, kennt die Verhaltensweisen innerhalb eines „Rudels“ nicht, ist teilweise verunsichert, ängstlich usw.

Fallbeispiel:

Ich hatte es einmal mit einem Windhund zu tun, der Verhaltensweisen an den Tag legte, die mit keinem herkömmlichen Rudelverhalten in Einklang zu bringen waren. Er wusste nicht, was Unterordnung ist, bröselte immer so vor sich hin und verhielt sich untypisch für einen Hund. Er schien sichtlich erleichtert zu sein, als ich kam. Er wusste anscheinend nicht so genau, was er hier sollte. Ich sagte zu ihm, dass er sein Leben nun so annehmen sollte, wie es ist, und dass ein Hundeleben durchaus schön sein kann. Ich sprach mit der Frau und erklärte ihr die Situation. Zum Glück war sie offen für diese Thematik, obgleich das natürlich schon sehr ungewöhnlich für sie war. Auch ich wunderte mich, warum dieser Urinstikt, wie Rangordnung usw., nicht in ihm veranlagt war. Ich überlegte kurz, wie ich ihm helfen könnte. Der Hund legte sich dann zu mir und ich behandelte zuerst sein Energiesystem. Danach verstärkte ich seine Verbindung zum morphischen Feld. Ein paar Tage später bekam ich einen Anruf, dass es nun viel besser sei und er sich sichtlich Mühe gebe, sich im Rudel zu integrieren.

Oder die Seele ist ein spiritueller Lehrer

dann erkennt man sie daran, dass

– der Besitzer den Ball oder das Stöckchen holt – nicht das Tier;

- diese Tiere ganz genau wissen, wer sie sind, und dadurch manchmal als stur erscheinen;
- sie Weisheiten wiedergeben mittels Tierkommunikation (sprich Telepathie)
- dass das Tier z.B. mit Verhaltensauffälligkeiten den „Weg“ zeigt – da liegt die Katze dann auf der Tastatur, wenn man gerade arbeiten will, oder auf der Zeitung, der Hund stellt sich beim Spaziergang mitten in den Weg und blockiert so das Weitergehen (er will damit auf etwas aufmerksam machen, entweder soll man kurz warten, bis andere Energien den Weg „überquert“ haben, oder man soll seine Aufmerksamkeit bei der Natur und beim Tier lassen und nicht beim Einkaufszettel oder bei der Arbeit.
- das Tier ganz genau weiß, was es will.

Fallbeispiel:
Ich hatte einmal eine Seminarteilnehmerin, die ein Rudel Hunde zu Hause hatte. Die Anführerin war als spirituelle Lehrerin für sie gekommen. Ihre Augen hatten eine sagenhafte Tiefe. Auch sie wusste ganz genau, wer und was sie war. So ließ die Hündin ausrichten, dass sich die Frau mit ihr in Verbindung setzen solle. Da die Besitzerin aber ein schwaches Selbstwertgefühl besaß und immer allen anderen die Schuld an ihrer Lage gab, meinte sie, dies nicht zu können. Die Frau war mit Tierhelfern gesegnet. So hatte sie auch noch eine andere Hündin an ihrer Seite, die ihr diesen Selbstwert und die Durchsetzungskraft vorlebte. Diese Hündin sagte, sie wäre da, um ihr diese Energien zur Verfügung zu stellen. Aber auch hier gab es wieder dasselbe Problem. „Frauchen“ zweifelte daran, dies zu können. Da half auch die Katze im Haushalt nicht, die trotz schwerster körperlicher Leiden nicht aufgab und einen Überlebenswillen und eine Tatkraft an den Tag legte, die bemerkenswert waren.

Tiere sind uns auch in Sachen Geduld weit voraus. Sie halten durch bis zuletzt und geben nicht auf, uns zu helfen.

Fallbeispiel:
Auch ein fünfjähriger arabischer Hengst, sehr witzig und belehrend in seiner Art, war als spiritueller Lehrer gekommen. Ich wurde gerufen, weil er an Grünem Star erkrankt war. Als ich dort war, konnte ich keinen erhöhten Augendruck messen. Tatsächlich war er auch schon in tierärztlicher Behandlung gewesen und es konnte kein Innendruck mehr festgestellt werden.

Ich fragte die Besitzerin, was ich denn dann für sie tun könne. Als sie das auch nicht so genau wusste, unterstützte ich das Pferd energetisch noch etwas und fuhr wieder nach Hause. Aus der Sicht der Pferdebesitzerin war sie einfach nur neugierig gewesen, mich kennen zu lernen. Aus der Sicht des Hengstes hatte er diese Begegnung eingefädelt. Warum, erfahrt ihr gleich.

Ein paar Tage später wurde ich nochmals gerufen, weil er noch eine starke Trübung im Auge hatte. Als ich so im Auto saß und zu ihm fuhr, war er auf einmal in meinen Gedanken da: Ich sollte seiner „Besitzerin" mitteilen, dass er gekommen war, um sie die Feinfühligkeit zu lehren. Ich musste schmunzeln. War doch seine menschliche Gefährtin eher raubeinig und burschikos, also alles andere als feinfühlig im Umgang mit sich selbst und anderen. Unbewusst war sie fühlig gegenüber Energien, das konnte ich spüren. Das nahm sie selbst aber nicht so wahr. Tatsächlich berichtete sie mir noch, dass egal, was sie machte, das Pferd immer etwas dagegen hatte. Tja, meinte ich dann nur noch schmunzelnd zu ihr, sie solle es halt einmal mit etwas Feingefühl versuchen. Ich bin mir sicher, dass die beiden noch viel Spaß miteinander haben werden. Das Pferd wahrscheinlich etwas mehr als sie.

Mein Hund Kayo machte mich auf Energien aufmerksam, die anwesend waren. Er lehrte mich, innezuhalten und mich auf die Natur zu besinnen. Er teilte mit mir Erinnerungen aus früheren Leben, die mein Wissen um die Hierarchie der Inkarnationen bestätigten. Man muss nicht erst als Tier geboren werden, um irgendwann zum menschlichen Leben „aufsteigen“ zu können. Er war mein spiritueller Lehrer.

Ich bekam vor ca. zwei Jahren eine DVD des Films „Fluke“ von einer Freundin geschenkt. Ich kannte diesen nicht. Es handelt sich um einen Mann, der bei einem Autounfall gestorben war und als Welpe wieder aufwachte. Der Hund versuchte nun, wieder zu seiner früheren Familie zurückzukehren.

Für mich war das wieder ein Hinweis darauf, dass ich recht hatte. Viele Drehbuchautoren bringen ihre spirituellen Erkenntnisse in ihre Filme mit ein.

Oder diese Seele war noch nie auf der Erde inkarniert

- Das sind dann äußerst neugierige Wesen.
- Die Tiere studieren oftmals ihre Besitzer (und nicht andersherum).
- Sie interessieren sich für alles andere, nur nicht für das Tierleben.
- Sie wollen immer und überall dabei sein.

Fallbeispiel:
Eine Dame rief mich wegen ihres Pudels an. Er litt an einem starken Hautausschlag. Ich fragte die Seele des Hundes, was die Ursache sei. Die Seele des Hundes wollte wissen und auch erfahren, wie zwischenmenschliche Beziehungen funktionieren. Das war für ihn in einem Tierkörper leichter, denn dann konnte er sich voll und ganz auf die Familie konzentrieren. Als Seele in einem Menschenkörper hätte er nicht die Zeit dafür gehabt. Er hatte sich ein Ehepaar ausgesucht, das seit Jahrzehnten zusammenlebt, sich aber seit Jahren nichts mehr zu sagen hat, jeder sein Leben lebt und eher so eine Art Wohngemeinschaft führt. Auch mit der erwachsenen Tochter gibt es hin und wieder Probleme. Die ganze Familie reibt sich

immer wieder aneinander auf. Der Hund studiert die Familie und deren Zusammenleben. Keiner der Anwesenden fühlt sich wohl in seiner Haut. Die Situationen werden geschluckt, können aber von Mensch und Tier nicht mehr verarbeitet und ausgeschieden, also in die Lösung gebracht werden. Am liebsten würde sich die Familie trennen, aber der Verstand sagt ihnen, dass das nicht geht! Und so zeigt der Hund, wie wir ja bereits wissen, eher körperliche Symptome auf als der Mensch. Das Kratzen und der Hautausschlag weisen auf die Gesamtsituation der Familie hin.

Die Auslöser für den Hautausschlag und das Kratzen des Hundes sind aus der Anzahl des Gleichgewichtes geratene Pilze im Darm. Das Darmmilieu passt nicht mehr. Da der Körper, weder bei Mensch noch bei Tier, psychische oder physische Einflüsse unterscheiden kann, reagiert der Körper darauf. Fazit: Das Umfeld des Hundes in dem er lebt, passt nicht. Auch das Immunsystem das u.a. für Harmonie im Körper steht, wird schwächer. Von Harmonie in der Familie kann keine Rede sein.

Das 2. Chakra, das u.a. für die Verarbeitung von Situationen und für Entscheidungen im Leben zuständig ist, funktioniert nicht mehr richtig. Die Haut und das Bindegewebe sind im 2. Chakra mit angelegt. Eines führt zum anderen.

Ich teilte das der Frau mit. Daraufhin erzählte sie mir, dass auch sie bereits Probleme mit dem Verdauungssystem hat. Sie meinte, dass sie nun etwas an der Situation verändern würde. Zur Freude des Hundes, denn nun konnte er das auch noch miterleben.

Oder das Tier war zuvor als Mensch an diesem Ort inkarniert

- dann kann es sein, dass die Seele immer wieder an diesen Ort zurückkehrt und sich auffällig verhält

Fallbeispiel:
Bei einem Tierkommunikationsseminar erzählte eine Teilnehmerin von ihrer Henne. Diese benimmt sich wie ein Mensch. Sie geht mit hinein ins Haus, sie sieht überall nach dem Rechten, gackert ständig und benimmt sich auch sonst recht ungewöhnlich.

Wir verbanden uns mit ihr und es war schon erstaunlich, was da herauskam.

Sie ist die Seele der Frau, die den allerersten Hof hier an diesem Platz bewohnt hat. Sie kann diesbezüglich nicht loslassen und so inkarniert sie immer wieder als Tier an dieser Stelle, um nach dem Rechten sehen zu können. Alles soll nach ihren Vorstellungen laufen. So verhinderte sie auch energetisch den Bau eines neuen Gebäudes. Die jetzige Besitzerin erzählt, dass sie seit langem vorhabe, noch ein Gebäude zu bauen, es aber immer wieder nicht klappte. Sie erzählte auch, solange sie nun an diesem Hof wohne, war immer wieder ein Tier dabei, das in seinem Verhalten dem der Henne ähnelte. Es war immer ein Tier da, das aufpasste.

Mit dem Vorschlag, die energetische Verbindung der Seele (der Henne) zu diesem Platz vor Ort zu lösen, war sie einverstanden

Das klappte auch soweit. Wie ich später erfuhr, fing die Henne an, sich auch wie eine solche zu benehmen, und bekam dadurch sogar einen Hahn.

Fallbeispiel:
Während unserer Sri-Lanka-Rundreise im Januar 2012 besuchten wir einen Ort namens Sigiriya. Dieser Ort war vor vielen Jahrhunderten von Angst geprägt. Ein Prinz hatte seinen Vater, den König, umbringen lassen, um selber an die Macht zu kommen. Daraufhin floh er auf diesen Felsen, um sich vor der Rache seines Bruders zu schützen. Er lebte in ständiger Angst, angegriffen zu werden.

Also ein hervorragender Platz für eine Meditation, um seine Ängste aufzulösen.

Wir fanden auf einem kleinen Plateau einen dafür geeigneten Platz. Als wir mit der Meditation anfingen, öffnete ich kurz nochmals die Augen. Ich sah, wie sich ein Hund direkt in unsere Runde begab, jeden kurz anblickte und sich dann zu uns in die Sonne legte. Ich überlegte kurz: ein Hund hier auf diesem Felsen, in der brütenden Hitze in 200 Meter Höhe? Er hatte auch einen kleinen, gelben Schmetterling mitgebracht. Ich wusste, er war etwas Besonderes. Er nahm Kontakt zu mir auf.

Die Seele des Hundes erzählte folgendes: Er hatte hier als Mönch an diesem Ort gelebt, dann sah ich ihn auch schon in einem rot-orangefarbenen Gewand mit erhobener Handinnenseite zu uns deutend. Es war so viel Liebe und Erleuchtung da, einfach umwerfend. Er bedankte sich bei uns und segnete uns. Er half uns, unsere Ängste und die des Ortes zu transformieren. Der Hund blieb so lange ruhig bei uns liegen, bis wir mit der Meditation fertig waren. Noch bevor die anderen die Augen öffneten, stand er auf, sah uns nochmals zufrieden und dankend an und ging dann seines Weges. Ich holte rasch mein Handy heraus, um wenigstens noch ein Foto von ihm zu machen.

Keiner sah den Hund später noch einmal.

Mit Sicherheit, ist dieses Kapitel noch ergänzungsfähig. Mal sehen, welche Erfahrungen ich in meiner Praxis noch machen darf.

WARUM ES HILFREICH IST, WENN SICH TIERE IHREN NAMEN SELBST AUSSUCHEN

Da auch der Name Schwingung ist und Energiequalitäten beinhaltet, die dem Tier, aber auch dem Menschen von Nutzen sein können (deshalb sollte man auch seinen eigenen Namen nicht abkürzen und alle Namen, auch den zweiten oder dritten Vornamen, mit annehmen und verwenden), ist es wichtig, das Tier nach seinem Namen zu fragen. Auch Tiere verbinden mit dem Namen eine Energie.

Es kann aber auch sein, dass die Tiere den Namen schon einmal in einem anderen Leben hatten, oder dieser Name einer Person gehörte, die sie gerne mochten, oder einfach nur, weil ihnen die Schwingung des Namens gut tut und sie diese Schwingung möglicherweise für ihre „Aufgabe" hier brauchen.

Katzen z.B. haben öfters sehr hochschwingende, feine Namen, deren Energien denen der Elfen und Feen gleichkommen. Denn viele von ihnen „arbeiten" an den Gitternetzen, den Übergängen von einem Reich zum anderen, um diese wieder miteinander zu verbinden.

Fallbeispiel:
Es rief mich einmal eine junge Frau wegen ihres Pferdes „Lady" an. Es war sehr ängstlich und scheute vor allem. Sie hatte das Pferd seit einem Jahr und traute sich nicht, es zu reiten.

Als ich bei ihr ankam, sah ich es von weitem auf der Weide stehen und fühlte schon, dass der Name Lady überhaupt nicht zu ihr passte. Sie hörte auch nicht auf diesen Namen. Daher kam sie auch nicht zu uns, als sie gerufen wurde. Wir gingen also zu ihr hin. Ich streichelte sie erst einmal und stellte mich bei ihr vor. Ich fühlte mich in die Situation der beiden ein und beschloss, dass zuerst einmal die Frau eine Behandlung brauchte, da das Pferd auch ihre Ängste widerspiegelte. Gesagt, getan. Nach drei Wochen behandelte ich dann das Pferd. Nach meiner Behandlung war es ruhiger und strahlte auch eine andere Energie aus. Tage später, beim Autofahren, sah ich die Stute in meinen Gedanken und der Name „Andora“ kam. Ich rief meine (inzwischen) Freundin an und sagte, wenn es für sie in Ordnung wäre, solle sie ihr Pferd Andora nennen. Sie stimmte sofort zu. Der Name schien auch ihr besser zu gefallen. Das Schöne daran ist, seit sie ihr Pferd mit „Andora“ ruft, kommt es selbstständig von der Koppel, geht allein in den Stall und alles funktioniert wirklich sehr viel besser.

Fallbeispiel:
Mein Pferd Lina teilte mir ja auch seinen Namen bereits in einer Meditation mit. Da dieser Name aber noch nicht zur momentanen Energie meiner Stute passt, denn sie ist vorerst einfach noch eine „Lina“, wird sie ihn später bekommen. Schließlich sah ich sie ja auch im ausgewachsenen Zustand, als sie mir den Namen mitteilte. Nicht als Zweijährige, die sie momentan noch ist.

Anderen Tieren wiederum ist es egal, wie sie genannt werden. Sie legen nicht allzu viel Wert darauf. Am besten fragt man nach. Manchmal fühlt man es schon vorher, wenn der Name nicht passt!

Tipp: Fühlt mal hinein in eure Namen. Falls ihr immer mit Abkürzungen gerufen werdet, so verwendet einmal euren vollen Namen.

Was fühlt sich stärker an: Maxi oder Maximilian? Vollwertiger und mehr in seiner Kraft stehend ist Maximilian. Und so könnt ihr mit den verschiedenen Namen auch die einzelnen Energiequalitäten fühlen. Interessant ist, dass oftmals der zweite Vorname genau die Energieschwingung in sich trägt, die der Person fehlt.

Probiert es aus!

WARUM SICH TIERE IHREN MENSCHEN AUSSUCHEN – UND NICHT UMGEKEHRT

Gell, da meint man immer, die Menschen suchen sich die Tiere aus …

FALSCH !!

Warum ist das so?

- **Ein Grund kann sein, dass das Tier in diesem Leben mit diesem Menschen etwas aus einem anderen Leben in Ausgleich bringen möchte.**

Fallbeispiel:
Shiraz ist ein zehn Jahre alter Irish Setter. Er ist der Weggefährte einer sehr guten Freundin von mir. Als ich Shiraz vor einigen Jahren kennen lernte, freute er sich immer riesig, mich zu sehen. Es war der einzige Hund, der sich zu mir auf den Schoß setzte und mich „umarmte". Aber schon nach einiger Zeit fing er an, sich mir gegenüber sehr schüchtern, ja sogar teilweise unterwürfig zu benehmen, wenn er mich sah. Meine Freundin dachte erst, dass es an Kayo liegen würde. Sie meinte, dass Shiraz enttäuscht wäre, weil ich einen eigenen Hund hatte. Meinem Gefühl nach war es nicht so, ich konnte aber mit seinem Benehmen auch nichts anfangen. Jedes Mal wenn er mich sah, freute er sich erst und dann zog er den Schwanz ein, konnte mich nicht anblicken und zitterte auch noch am ganzen Körper. Es war sehr eigenartig, aber heute ist mir sein Verhalten klar. Ich hatte zu der Zeit einige gravierende Bewusstseinsschritte gemacht und meine Göttlichkeit erkannt. Das erkannte auch Shiraz. Der Zusammenhang wird nachfolgend gleich deutlich.

Eigentlich bat mich meine Freundin, wegen Carla zu kommen, ihrer Hundedame. Sie war aus Spanien über etliche Umwege (Tierheime usw.) zu ihr gekommen. Sie hatte u.a. Probleme mit offenen Stellen an den Ballen. Nachdem ich Carla einige Male behandelt hatte und ich vorerst das letzte Mal da war, kam Shiraz um die Ecke und setzte sich vor mich hin. Er legte mir seine Pfote auf den Oberschenkel und blickte mich sehr durchdringend an. Sein Blick wechselte von mir zu seinem Frauchen und wieder zurück zu mir. Was muss das für eine Überwindung für ihn gewesen sein!

Ich hatte das Gefühl, er hat allen Mut zusammengenommen, um mich „anzusprechen". Er musste schon einen ganz besonderen Brocken auf dem Herzen haben.

Ich sagte meiner Freundin, dass er eine Botschaft für sie hätte. Ich wusste aber nicht, welche. Ich versprach ihr, dass ich mich in den nächsten Tagen mit ihm in Verbindung setzen werde, beziehungsweise er sich mit mir.

Am Sonntag, dem 8. März 2009, war es soweit. Ich setzte mich vor den lodernden Ofen in das kleine alte Backhaus in unserem Garten, das zur Praxis umfunktioniert worden war. Ich begab mich im Geist an den Ort, wo ich die Heilbehandlungen machte. Im höheren Bewusstsein holte ich Kayo zu mir. Er war der Erste, der in den Genuss der neuen Heilbehandlung kommen sollte. Kurze Zeit zuvor hatte ich von der Geistigen Welt ein Geschenk zur Heilung anderer erhalten. Es war eine sehr schöne Art zu behandeln. Zum Abschluss schickte ich Kayo noch in eine Art Schwimmbecken, gefüllt mit göttlichem Wasser. Er schwamm darin und tauchte auch kurz unter. Es tat ihm gut und er stieg wieder aus dem Becken. Da sah ich auch schon Carla. Sie war die Nächste. Auch sie schwamm am Schluss durch das Becken. Da tauchte plötzlich Shiraz auf. Auch ihm bot ich an, in dem Becken mit dem göttlichen Wasser zu schwimmen. Aber er ging nicht hinein. Ich forderte ihn auf, in das Becken zu gehen, denn es würde ihn reinigen. Er blieb stehen und schaute mich traurig an. Ich fragte, warum er nicht hinein gehen wollte. Daraufhin antwortete er mir, dass er nicht würdig sei, in das Becken Gottes zu gehen. Ich war sehr überrascht, das zu hören. Ich fragte ihn, warum er denn meine, nicht würdig zu sein. Ich sah ihn an. Da wuchsen aus seinen Flanken weiße Flügel und er verwandelte sich in ein Pferd. Erst dachte ich an ein Einhorn, aber ich konnte kein Horn erkennen. Er hatte sich in einen Pegasus verwandelt. Ich sah zu, wie er flog und immer wieder seine Kreise zog. Ich fragte ihn nochmals, warum er denn meine, nicht würdig zu sein, wo er doch auch einmal ein so hohes, reines Wesen gewesen war. Ich sagte ihm auch, dass er immer noch ein göttliches Geschöpf sei. Also warum?

Ich bekam nun eine Reihe von Emotionen mit und das Wort „ÜBERHEBLICHKEIT“. Er war ein Götterbote gewesen und alle anderen waren nur niedere Geschöpfe für ihn, nur er vermochte Dinge zu tun, die kein anderer konnte. Tja, und für diese Überheblichkeit „fiel er vom Himmel“!

Dann sah ich Shiraz wieder mit der Gestalt seines Hundekörpers am Beckenrand stehen. Traurig und unwürdig. Er meinte, ich solle meiner Freundin sagen, dass nur sie ihn erlösen könne, indem sie ihre Göttlichkeit annimmt und sie auch lebt. Ich versprach ihm, das zu tun. Dann ließ er sich erschöpft neben dem Beckenrand nieder. Ich bedankte mich für alles und ging ins Wohnhaus. Noch sehr nachdenklich über das, was ich eben gerade erleben hatte dürfen, holte ich mein Krafttierbuch, um zu sehen, ob dort ein Pegasus beschrieben war. Ich erhoffte mir noch weitere Informationen und Zusammenhänge.

Ich fand den Pegasus beschrieben als Krafttier, was mir hier nicht weiterhalf. Denn er war mir ja nicht als Krafttier erschienen. Dann aber entdeckte ich noch einen Absatz – und genau das war es.

Da stand:
Von seiner dunklen Seite betrachtet, verweist Pegasus auf Arroganz, Hochmut, Größenwahn, Überheblichkeit, Grenzenlosigkeit. Er kann den Sturz, den tiefen Fall durch fehlende Demut und fehlende Achtung vor den höheren Kräften, welche nicht von dieser

Welt sind, bringen und uns aus der Gnade in Ungnade fallen lassen, wenn wir gegen die göttlichen Gesetze verstoßen.

(Auszug aus „Krafttiere begleiten dein Leben“ von Jeanne Ruland, Schirner Verlag)

Genau das war es. Das war ihm passiert. Mich überfiel ein Schauer.

Ich rief meine Freundin an, noch etwas mitgenommen, um ihr davon zu berichten. Sie wurde immer leiser am Telefon und schluckte immer mehr. Ihr war zum Weinen zumute. Sie meinte, ob ich wisse, was sie sich auf ihre Schulter hatte tätowieren lassen, kurz bevor Shiraz kam. Ich verneinte. Einen PEGASUS! Jeder hatte ihr damals davon abgeraten. Aber für sie stand felsenfest, dass nichts anderes für sie in Frage kommen würde. Ja – und nun setzte ich mich erst mal hin! Da wurde mir wieder einmal deutlich vor Augen geführt, wie verbunden wir doch alle miteinander sind.

Nach unserem Telefonat ging ich zu meinem Lebensgefährten. Ich erzählte ihm von dem Vorfall. Währenddessen spürte ich einen immer stärker werdenden Druck in meinem Solarplexus und ich bat ihn, nachzusehen. Er sah den Irish Setter und den Pegasus im Solarplexus. Sie sagten, ich solle mich noch einmal mit ihnen verbinden! Ich ging wieder in die Praxis. Ich zündete dieses Mal zwei Kerzen an (in weiser Voraussicht) und setzte mich. Ich war wieder an demselben Ort und ich sah Pegasus und Shiraz in seiner Hundegestalt. Ich stand beiden gegenüber. Pegasus schob mir sehr schnell seinen Kopf hin, der sich mittlerweile in einen schwarzen Pferdetotenkopf verwandelt hatte und sein Maul weit aufriss. Ich sah zu Shiraz, der zähnefletschend mit aufgestellten Nackenhaaren auf mich zukam. Ich riss meine Augen auf und wusste nicht recht, was ich damit anfangen sollte. Ich entschied mich, wieder die Augen zu schließen. Ich sah wieder dieselbe Szene. Da bemerkte ich an mir eine gelbweiß schimmernde Schutzhülle und aus meinem Herzchakra floss die Liebe der Atlanter. Ein grüner, dreieckiger Lichtstrahl traf die beiden. Auch die anderen Lichtwesen, die dabei waren, begannen aus ihrem Herzen diesen Liebesstrahl fließen zu lassen. Und siehe da, nach und nach lösten sich schwarze Partikel von dem Pegasus und auch vom Hund. Die schwarzen Nebelfelder verflüchtigten sich. Die beiden, und auch ich, waren sichtlich erleichtert. Shiraz fiel neben dem Pegasus erschöpft auf den Boden.

Wieder verspürte ich einen Druck in meinem Solarplexus. Ich griff hinein und schleuderte alles, was nicht zu mir gehörte, in die Kerzenflammen, bis der Druck weg war. Ich öffnete die Augen und „sah“, wie ein Teil der Mauer von der Praxis nicht mehr vorhanden war. Ich sah den Sternenhimmel, die halb offene Praxis, in der ich war, und Pegasus, wie er vor mir stand. Er war gewaltig. Mit Worten wieder einmal nicht zu beschreiben. Er senkte seinen Kopf zu mir herunter und ich spürte seine Dankbarkeit. Dann flog er davon und ich saß wieder allein in der Praxis.

Ein paar Tage später fuhr ich zu meiner Freundin. Sie arbeitete fleißig an ihrer Göttlichkeit, zum Wohlgefallen ihres Hundegefährten. Shiraz freute sich wie früher, mich zu sehen. Es war keine Angst mehr da.

Ich besuchte beide immer wieder einmal und sah, dass Shiraz zunehmend älter wurde. Kayo und Shiraz waren beide neun Jahre alt, wobei Shiraz’ Schnauze schon grau-weißliche Haare aufwies und er einen trüben Blick hatte. Er strahlte auch nicht mehr so viel Energie aus und wirkte eingefallen. Dahingegen war Kayo ein Jungbrunnen. Ich spürte, dass meine Freundin es zu Shiraz’ Lebzeiten nicht schaffen würde, aus ihrem „Teufelskreis“ herauszukommen. Immer wieder hat sie Höhepunkte in ihrem Leben, wo alles gut läuft. Genauso schnell und hart kommen dann wieder finanzielle und private Krisen. So geht es immer wieder auf und ab.

Und wenn man einmal nachliest, wofür der Setter steht:

Er bringt dir die Botschaft mit, dass es mehr gibt im Himmel und auf Erden und dass es an der Zeit ist, dein inneres Feuer zu entfa-

chen, deine Position zu vertreten und deinen Platz im Leben einzunehmen. Ziehe dich selbst aus dem Sumpf des Lebens, und schaffe dir eine Basis, auf der du gut und sicher stehen kannst. Der Setter kommt in dein Leben, um dich an deine Ideale und deine Bestimmung zu erinnern, die dir in die Wiege gelegt wurden.

Von seiner „dunklen" Seite betrachtet: Dieser Hund steht für Traurigkeit, Energielosigkeit und Sinnlosigkeit, dafür, im Sumpf des Lebens zu versinken, den Glauben an sich selbst zu verlieren, planlos zu sein, zu warten und nicht zu wissen, warum man hier ist.

(Auszug aus „Krafttiere und Helfertiere" von Jeanne Ruland, Schirner Verlag)

Ja, das passte wieder ganz genau.

Mittlerweile waren cirka eineinhalb Jahre vergangen und meine Freundin hatte immer noch Schwierigkeiten, ihre Göttlichkeit zu erkennen und zu leben. Bei meinem letzten Besuch dort hatte ich irgendwie das Gefühl, dass der Zeitpunkt gekommen war, Shiraz zu erlösen. Denn in dieser, jetzigen Zeit auf Erden hat ein neuer Abschnitt begonnen, die Energien werden schneller und höher und „alte" Energieverstrickungen dürfen aufgelöst werden, sofern die Erlaubnis dazu gegeben wurde.

Ich bekam die Zustimmung! Ich war sehr froh. Bei meinem nächsten Besuch würde die Geistige Welt Shiraz erlösen.

Dann war es soweit. Ich fuhr zu meiner Freundin. Ich kniete mich neben Shiraz und legte ihm die Hände auf. Ich sah ihn immer noch am Rand des Beckens liegen. Als ich kam, stand er verwundert auf. Er konnte es nicht fassen und auch nicht annehmen, dass er nun von seiner Bürde, als „Unwürdiger" zu leben, entbunden würde. Es war so viel Dankbarkeit und Glückseligkeit ihn ihm, aber auch genau so viel Selbstverurteilung. Als ich das alles spürte, fing ich zu weinen an.

Das war das erste Mal, dass ich für die Seele eines Tieres weinte (manchmal weinen Heiler für die Seele des Menschen oder Tieres, weil diese es nicht mehr kann und dann löst sich etwas). Durch das Weinen löste sich bei Shiraz etwas. Deswegen ist es wichtig, seinen Emotionen freien Lauf zu lassen und nichts zu unterdrücken. Als die Energie gelöst war, schlief Shiraz ein.

Fallbeispiel:
Eine Teilnehmerin meines Seminars hatte mehrere Fotos von ihren Hunden dabei. Sie war Züchterin. Die Runde entschied sich für eine Hündin. Mich interessierte aber auch der in die Jahre gekommene Rüde. So trat ich mit ihm in Verbindung.

Es stellte sich heraus, dass er in einem anderen Leben ein Druide gewesen war und sein jetziges „Frauchen" ein adeliger Landesherr, dem es Spaß machte, zu räubern, zu plündern, ganze Dörfer niederzubrennen, mitsamt Mensch und Tier. Er zwang den Druiden, ihm zu helfen, an noch mehr Macht und Geld zu kommen. Als der Druide das aber irgendwann verweigerte, ließ er ihn kurzerhand hinrichten. Dem Volk wurde das zu viel und die Menschen lehnten sich gegen den Landesherrn auf. Sie konnten ihn überrumpeln und köpften ihn.

Ich fragte die Teilnehmerin, ob sie eine Nickelallergie hätte und möglicherweise nichts Enges um den Hals tragen könnte. Erstaunt über meine Fragen, bejahte sie beides!

Hinweis:

Bei einer Nickelallergie ist man in einer anderen Inkarnation durch Metall ums Leben gekommen. Und wenn ich sah, dass sie/er geköpft wurde, musste derjenige in diesem Leben entweder Probleme damit haben, etwas Enges um den Hals zu tragen oder am Hals angefasst zu werden usw.

Daraufhin wurde der Teilnehmerin einiges aus ihrem Leben klar. Zu diesem Thema wollte sie sich zu diesem Zeitpunkt noch nicht äußern.

Fallbeispiel:
Eine andere Teilnehmerin aus einem Seminar wollte wissen, warum ihre schwarze Katze bei ihr war.

Unter anderem sah ich auf dem Foto der Katze eine andere Inkarnation. Ich sah einen schwarzen Medizinmann mit einer kompletten Kopfmaske aus Holz. Dann bekam ich weitere Bilder. Ich sah, wie die Frau damals von diesem Medizinmann (ihrer jetzigen Katze) in seinem Kral vergewaltigt wurde und sie im Zuge dieser Vergewaltigung starb. Ich fragte noch nach, ob dies seine Absicht gewesen war. Nein, es geschah einfach.

Nun war er in Gestalt der Katze zu ihr gekommen, damit sie ihm diese Tat von damals vergeben könne.

Als ich der Frau das erzählte, wurde sie kreidebleich und sagte: „Jetzt weiß ich, warum ich panische Angst vor Masken habe!" Sie habe sich das nie erklären können und sie habe auch Probleme und Beschwerden mit ihrem Unterleib!

Ich traf die Frau ein Jahr später an einem Übungstag für Tierkommunikation. Sie zeigte mir ein Foto ihrer beiden Katzen, worauf bei ihrer schwarzen Katze der Medizinmann immer noch sehr deutlich zu sehen war. Ich fragte sie, ob sie das mit ihrer Katze in die Lösung gebracht hätte. Sie meinte, dass sie nicht genau wisse, wie sie das machen solle. Ich zeigte ihr das Foto. Als sie es sah, erschrak sie erneut zutiefst. Ihre Seele hatte sich erinnert. Sie bat mich, ihr zu helfen. Wir bereinigten die Situation dieser besagten Inkarnation und der Kater sieht nun um Jahre jünger aus.

Die Fotos zeige es gerne bei meinen Vorträgen her.

- **Das Tier hat sich bereit erklärt, diesen Menschen etwas zu lehren.**

Fallbeispiel:
Wir erinnern uns an den fünfjährigen Hengst, der gekommen war, um sein burschikoses Frauchen wieder die Feinfühligkeit zu lehren.

- **Das Tier hat eine überaus prägnante Botschaft für diesen Menschen.**

Fallbeispiel:
Ein Eselchen kam zu einer Zeit auf die Welt, in der nur sehr selten Esel geboren werden, nämlich im Herbst. Die „Besitzer" waren sehr überrascht, dass Nachwuchs unterwegs war, denn die Esel gebären meist im Frühjahr, und obendrein war sein Vater noch nicht einmal zwei Jahre alt, als er den „Kleinen" zeugte. Esel sind erst mit 2 - 2½ Jahren geschlechtsreif. Niemand hatte gewusst, geschweige denn damit gerechnet, dass die Eselin schon kurz vor der Geburt stand.

Tipp: Wenn Tiere unter ungewöhnlichen Umständen geboren werden, dann gilt es, genauer „hinzusehen"!

Für das Eselchen wurde nun ein Name gesucht. Ein paar Tage später bekam ich seinen Namen. Es war der Name eines Engels: Serafin.

Da der Papa des Eselchens und die Mama bayerische Namen hatten, passte da ein so hochschwingender Name nicht wirklich und er bekam von der Familie einen für die Gegend passenden Namen. Bereits damals war mir klar, dass er für die Frau der Familie gekommen war. Ich konnte nur nicht sagen, warum.

Im Februar wusste ich es dann. Sie erhielt die Diagnose Krebs.
Ich überlegte zu dieser Zeit immer wieder, warum das Eselchen für

sie gekommen war. Eines Abends, ich stand im Bad beim Zähneputzen, kam mir das Krafttierbuch in den Sinn. Ich blätterte darin und fand folgendes:

Kommt der Esel in dein Leben, so fordert er dich auf, etwas langsamer zu werden. Er zeigt dir deine störrischen, widerspenstigen Seiten, mit denen du dir manchmal selbst im Weg stehst und den Fluss der Energie blockierst. Er macht dir deine niederen Instinkte, deine Triebe und leichtsinnigen Handlungen bewusst, mit denen du dein Glück von einem Augenblick zum anderen beeinträchtigen, ja zerstören kannst. Er lehrt dich, diese Kräfte zu beherrschen. Indem er dir deine unbewussten Energien exakt widerspiegelt, fordert er dich auf, dich selbst zu erkennen, über dich zu lachen, dein Verhalten zu ändern und neue Wege zu gehen. Der Esel kennt den Weg zu Gott, bringt dir die Kraft, Aufgaben, welche jetzt anstehen – wie immer sie auch aussehen mögen –, zu übernehmen, hinzunehmen und zu tragen; so findest du letztendlich Erlösung. Der Esel lehrt dich, dass manche Wege anders verlaufen, als du sie geplant hast, und dass dies gemäß höchster göttlicher Fügung geschieht, auch wenn du es im Augenblick nicht verstehen kannst. Vertraue seiner Führung, er bringt dich zur Quelle und zur Meisterschaft in dir. Er schenkt dir Ausdauer, Genügsamkeit, innere Führung, Meisterschaft und die Fähigkeit, aus deinen eigenen Fehlern zu lernen, über dich hinauszuwachsen und deine Aufgabe zu vollenden.

(Auszug aus „Krafttiere begleiten dein Leben“ von Jeanne Ruland, Schirner Verlag)

Diese Botschaft passte ganz genau.

- **Das Tier kommt mit den Energiequalitäten, die der Mensch braucht, um seine Bewusstseinsschritte meistern zu können**

Fallbeispiel:
Mein Pferd bringt die Energiequalitäten von Struktur, Klarheit und Ordnung mit. Alles Energien, die ich gut brauchen kann. Jedes Mal wenn ich in einer Partnerschaft stecke, vergesse ich mich und meine Struktur und Klarheit. Wenn ich mit Lina zusammen bin, lerne ich

Struktur und Ordnung und ich muss mir über jeden weiteren Schritt mit ihr im Klaren sein. Das überträgt sich auch auf mein Leben außerhalb des Reitplatzes.

Fallbeispiel:
Eine Teilnehmerin vom Seminar hatte zwei Bilder mit jeweils einem Hund dabei. Ich fragte sie, welchen sie denn nehmen möchte. Sie überlegte nicht lang und griff zum linken Bild. Es stellte sich heraus, dass das der Hund einer Freundin war und sie über deren Hund und über ihre Freundin etwas wissen wollte. Sie lenkte von sich ab und deshalb nahmen wir das rechte, umgedrehte Bild neben ihr. Denn das war ihr eigener Hund. Während sie uns das Bild gab, kamen bei ihr schon die Tränen.

Im Gespräch mit ihrer Hündin kam heraus, dass „Frauchen" an großen Versagensängsten litt. Sie meinte auch, dass sie sich mit ihr verbinden solle, denn sie würde helfen, „Frauchen" wieder mehr an die „Quelle" anzuschließen. Ihre Hündin war mit den Energiequalitäten Zuversicht, spielerische Leichtigkeit und Vertrauen zu ihr gekommen! Genau das brauchte die Teilnehmerin in ihrem Leben.

- **Der oder die Mensch(en) hat Energien bei sich, die dem Tier helfen, seine Lebensaufgabe besser umsetzen zu können.**

Fallbeispiel:
Einmal fand ich ein Kätzchen. Eigentlich hätte ich an diesem Morgen meine Damengruppe mit Wirbelsäulengymnastik gehabt. Ich war schon spät dran, so dass Kayos Spaziergang vorerst ausfallen musste. Ich ließ ihn nur kurz in den Garten hinaus. Danach machte ich mich fertig, ging hinüber ins Seminarhaus und wartete auf meine sechs Damen.

Keine hatte abgesagt – und keine kam an diesem Tag. Das war schon äußerst merkwürdig. Also nahm ich Kayo und wollte den verschobenen Spaziergang nachholen. Ich ging hinaus aus dem Hof und sah von der Ferne einen streunenden Schäferhund auf uns zukommen. Da ich den Hund nicht kannte, nahm ich Kayo und ging mit ihm eine andere Strecke, die ich in der Früh sonst nie ging. Kayo freute sich. Wir schlenderten erst ein Stück auf der Straße bis zur Kreuzung an der Schnellstraße, als ich ein Miauen hörte. Ich dachte erst, ich hätte mich verhört, aber es wurde immer lauter und auch Kayo hatte es gehört. Er spitzte die Ohren und legte den Kopf schief. Ich band Kayo an den Baum und ging auf die Suche. Das Gras war sehr hoch, so dass ich nicht hineingehen wollte. Ich ging dem Maunzen nach. Mittlerweile stand ich schon auf der stark befahrenen Straße an der Leitplanke. Da bückte ich mich und ehe ich mich versah, hüpfte mir eine kleine Katze in die Hände. Ich dachte nur: Oje, was mach' ich jetzt?! Ich hatte einen großen Hund dabei, der Katzen zum Jagen gerne hatte, und eine kleine, ganz aufgeregte und kratzende Mieze, die versuchte, auf meinen Rücken zu gelangen, koste es, was es wolle. Ich ging zu Kayo zurück, der mich schon freudig erwartete. Wie sollte ich das jetzt bewerkstelligen? Ich konnte die Katze nicht hier zurücklassen, um erst Kayo nach Hause zu bringen. Sie würde möglicherweise überfahren werden. Kayo konnte ich auch nicht am Baum angebunden lassen, sonst würde man glauben, er wäre ausgesetzt worden. Also versuchte ich mit einer Hand meinen Hund loszubinden. Gar nicht so einfach, wenn dieser ständig versucht, an die Katze heranzukommen, und diese wiederum versucht, sich einkrallenderweise zu meinen Schultern hinauf zu begeben. Mein Weg nach Hause hätte sicher bei anderen einige Lacher ausgelöst. Zu Hause angekommen, sperrte ich die Katze erst einmal in die Toilette. Dann wollte ich mit Kayo endlich hinaus. Doch nein, es sollte noch nicht sein, denn diese kleine Katze schrie das ganze Haus zusammen. Sie schrie so erbärmlich, dass ich wieder zu ihr hinein ging. Die Katze schoss hinauf auf meine Schultern und war ruhig. Was sollte ich nur machen? Ich rief bei meiner Nachbarin an, die immer wieder Katzennachwuchs hatte.

Von irgendwoher musste sie ja kommen. Wobei mich schon sehr wunderte, dass die Katze kein bisschen dreckig war und aussah, als käme sie aus einer ordentlichen Wohnung. Es hatte seit zwei Tagen geregnet, sie musste sich doch schmutzig gemacht haben, als sie durch das Feld lief. Dann kam mir der schreckliche Gedanke, dass sie möglicherweise mit anderen Katzenbabies ausgesetzt worden war. Ich sah nach, ob da noch mehrere Kätzchen waren. Nein sie war die Einzige. Meine Nachbarin war nicht zu Hause, es ging keiner ans Telefon. Während es läutete, hatte ich die Katze in meiner Hand und bemerkte nicht, dass Kayo mit seiner Schnauze gefährlich nahe kam. Kayo wollte nun endlich wissen, wer das kleine Schreibündel war. Kayo hätte nichts getan, aber das wusste „Klein-Mieze" nicht. Sie fauchte und spuckte Kayo an, der erschrak; sie fiel mir aus der Hand, genauso wie der Telefonhörer. Die Katze konnte sich mit den Vorderpfoten am Schreibtisch baumelnd festhalten, bis ich sie wieder fest in meiner Hand hatte. Ich schickte Kayo hinaus und endlich kam mein damaliger Lebensgefährte herein, dem ich die kleine Katze gleich in die Arme drückte.

Gleichzeitig kam ein lieber Freund von uns aus dem Gästezimmer die Treppe herunter, sah die Katze und meinte: „Oh, wie süüüß …" Wir zögerten nicht lange und fragten: „Möchtest du sie haben?" Er sagte sofort „Ja", und schon hatte er sie. Er und seine Freundin hatten ein paar Tage zuvor eine kleine Katze von Freunden mitnehmen wollen. Das hatte aber irgendwie nicht geklappt. Am selben Tag kam noch seine Freundin (beide leben in der Nähe von Frankfurt).

Merkt ihr etwas? Ja. Das alles sollte genau so sein.

Wie ich später erfahren habe, war der damalige Tag der erste Arbeitstag meiner Nachbarin, nach einem Jahr Pause wegen Krankheit. Das sind „Zufälle", grinste ich.

Als es um den Namen ging, sagte ich, sie sollten die Katze fragen. Das wollten sie tun. Ich meinte noch, falls ich etwas bekäme, würde ich es ihnen mitteilen. Das ließ auch nicht lange auf sich warten. Am Nachmittag bekam ich den Namen Sirina und eine ganz feine und weiche Schwingung dazu. Ich ging zu den beiden. Sie saßen auf einer kleinen Bank in der Sonne, das Kätzchen lag im Arm meiner Freundin. Es schlief. Ich sagte ihnen den Namen und sie schaute die Kleine an und fragte: „Möchtest du Sirina heißen?" Da schaute das Kätzchen nach oben und maunzte zweimal. Da war sie baff, denn zuvor hatte sie dem Kätzchen gesagt, dass es, wenn der richtige Name da wäre, zweimal maunzen sollte. Ich grinste.

Ja, so kam das bayerische Kätzchen Sirina nach Frankfurt, um da ihre Elfenenergie zu verbreiten. „Zufälligerweise" sind beide Freunde stark mit Elfen verbunden. Die Energien von beiden werden Sirina bei ihrer „Arbeit" sehr unterstützen und umgekehrt.

• Täter- / Opferrolle

Es kann z.B. sein, dass das Tier in einem vergangenen Leben ein Großwildjäger war und im nächsten Leben als Großwildkatze im Zoo wiedergeboren wurde. Derartiges beschreibt Penelope Smith in ihrem Buch „Gespräche mit Tieren". Das ist für mich so auch stimmig. Wir alle waren schon einmal Täter und einmal Opfer, denn wir sind da, um Erfahrungen zu machen.

Da ist der gequälte Hund in diesem Leben derjenige, der damals die Hunde gequält hat. Und wer weiß, vielleicht ist in diesem Leben der Mensch der Hund von damals!

Das Dumme an der Sache ist, dass wir als Seelen in der Geistigen Welt nicht werten, und wenn wir dann hier auf der Erde leben können wir uns an all die Absprachen nicht mehr erinnern.

DER ÜBERGANG INS LICHT

Der Tod, wie wir ihn definieren, existiert so nicht. Er ist eine Wandlung, eine Transformation von der Grobstofflichkeit zurück in die Feinstofflichkeit. Der Körper bleibt zurück, die Seele kann ins Licht gehen, um sich auf ein neues Leben vorzubereiten.

Tiere, die wieder als Tiere inkarnieren möchten, können diese „Seinszustände" sehr schnell wechseln. Wenn eine Seele, die als Tier gelebt hat, sich nun als nächsten einen Menschenkörper aussucht, benötigt sie mehr Zeit. Die Gegebenheiten müssen erst abgeklärt werden. Auch bei den Seelen, die vorher einen Menschenkörper hatten und nun als Tier jemandem zur Seite stehen möchten, dauert es etwas länger.

Als wir in Sri Lanka (Januar 2012) eine Meditation bei dem „schlafenden Buddha" machten – das Thema der Meditation war Leben und Tod –, konnte ich etwas Interessantes beobachten. An diesem Ort gab es Hunderte von Schmetterlingen. Die Schmetterlinge stehen unter anderem für die Transformation. Während der Meditation gesellten sich Affen zu uns und sprangen von den Felsen durch unsere Gruppe hindurch hinunter auf den Boden. Auf dem Weg zum nächsten Baum kamen sie an Schmetterlingen vorbei. Plötzlich patschte ein junger Affe mit seiner Hand auf die Schmetterlinge und fraß die liegen gebliebenen auf. Eigenartigerweise ging keinerlei Aufregung, Panik oder Angst von den Schmetterlingen aus, die davongeflogen waren.

Im Gegenteil, als die Affen weg waren, sammelten sich die restlichen Schmetterlinge wieder am Ort des Geschehens und stiegen gemeinsam in einer Doppelhelix auf. Es war Leichtigkeit, Fröhlichkeit und Lebensfreude zu spüren.

Später im Bus verband ich mich mit der Gruppenseele der Schmetterlinge und ich erhielt folgende Botschaft.

„Jeder Tag ist ein Tag des Aufbruches zu sich selbst. Alles ist allgegenwärtig. Lobet und preiset euch für die wundervollen Erfahrungen, die ihr Tag für Tag machen dürft. Es ist nichts so, wie es scheint. Durch ihr Gehen (gemeint sind die Schmetterlinge, die gestorben sind) geht ein Teil von uns mit und wir dürfen teilhaben an der unendlichen Freude, wieder in der Verbundenheit des Lichts zu existieren. Somit bringen wir wiederum die Freude und das Licht hier auf diese Welt. So erkennt das Licht in Allem-Was-Ist!"

Es war ein Sprechen und ein Singen gleichermaßen.

In vielen südlichen Ländern wird der Tod als Übergang in das Leben der jenseitigen Welt gesehen. Es ist ein Fest der Freude, des Gesanges und der Dankbarkeit.

Wenn ich Kontakt zu verstorbenen Tieren aufnehme, fühle ich solch eine Glückseligkeit und Liebe, die mich nach wie vor immer wieder zu Tränen rührt.

Fallbeispiel:
Ich hatte am 26. März 2010 einen schweren Unfall mit Schafen miterlebt. Der Schäfer überquerte mit einer sehr großen Schafherde einen unbeschrankten Bahnübergang vor unserem Haus. Freudig sahen wir alle diesem regen Treiben zu.

Doch plötzlich sahen wir, dass die roten Lichter am Bahnübergang zu blinken begannen. Zum Schrecken aller kam der Zug und raste fast ungebremst in die Schafherde. Ich sah, wie die Schafe durch die Luft flogen. Es war das Schrecklichste, was ich jemals erlebt hatte. Ich war schockiert, ich konnte nicht glauben, was eben geschehen war. Die Schäfer brachten die verletzten Schafe an unserem Haus vorbei zum Notschlachten auf den nächsten Hof. Es war kein Laut, kein Geblöke, kein Ausdruck des Schmerzes zu hören.

Ich konnte die Bilder, die ich gesehen hatte, nicht vergessen. Zwei Tage später, während eines Spazierganges mit meinem Hund Kayo, kam ich an der kleinen Schafherde unseres Nachbarn vorbei. Sie standen da und alle sahen mich an. Ich wusste, sie wollten mir etwas mitteilen, also blieb ich stehen.

Alle waren ganz still, auch Kayo, der sich schon mal hin und wieder einen Spaß daraus machte, sie anzubellen (er hatte Freude daran, wenn sie dann davon liefen). Aber nicht dieses Mal. Alles war ruhig.

Die Gruppenseele der Schafe sprach ruhig und liebevoll zu mir.

„Sieh nicht mit dem physischen Auge, sieh dahinter!“

Ich wusste, ich sollte mich mit den Schafen in Verbindung setzen, die bei diesem Unfall ins Licht gegangen waren. Und da sah ich sie auch schon mit einer unendlichen Liebe im Licht stehen und so wie ich es verstand, hatte die Seele eines jeden Schafes schon kurz vor dem Aufprall seinen Körper verlassen.

Als ich dies fühlen konnte, ging es mir etwas besser.

Im Moment des Unfalles oder der gegenwärtigen Situation fällt es oft schwer, dahinter zu „sehen“ – probiert es dennoch. Es hilft uns, diese Situation zu verstehen und zu erkennen, dass es „nur“ die Hülle ist, die kaputt ist. Nicht das, was den Menschen oder das Tier ausmacht! Auf jeden der Beteiligten und Anwohner, die zusahen, hatte dieses Ereignis eine Auswirkung. Die jeder wiederum für sich erkennen darf.

ERDSTERN UND SEELENSTERN

Jedes Lebewesen hat seinen eigenen Erd- und Seelenstern. Für den Erdstern ist Erzengel Sandalphon zuständig und für den Seelenstern Erzengel Metatron.

Wenn ein Tier nun ins Licht gehen möchte und sich damit schwer tut, kann man den Erzengel Sandalphon bitten, die Verbindung zum Erdstern zu lösen. Geht in euch und schaut hin, was geschieht. Je nachdem, ob es sein soll, wird das Tier leichter gehen können oder auch nicht.

Fallbeispiel:
Eine Freundin rief mich wegen ihres Pferdes an. Sie war sich nicht sicher, ob es gehen wollte. Ihr Pferd tat sich mit allem schon recht schwer. Alle Anzeichen sprachen dafür, dass das Tier gehen würde. Ich empfahl ihr, mit Sandalphon und dem Erdstern zu arbeiten. Das machte sie und siehe da, das Pferd entschied sich zu bleiben, und es wurde wieder kräftiger und fideler.

Fallbeispiel:
Der junge Kater einer Frau erkrankte schwer. Sie brachte ihn nach ein paar Tagen in die Tierklinik. Sie bat mich um zusätzliche Hilfe, weil die Ärzte ihn einschläfern wollten.
Ich konnte sein Energiefeld nur noch sehr schwach wahrnehmen und wusste es war an der Zeit zu gehen. Ich gab ihr den Tipp mit Erzengel Sandalphon den Erdstern zu lösen.
Jeder natürliche Übergang ist dem Einschläfern vorzuziehen. Sie fuhr in die Klinik, nahm ihren Kater in den Arm und bat Erzengel Sandalphon die Verbindung zum Erdstern zu lösen. Er schlief in ihren Armen ein.

Falls ihr euch nicht sicher seid, ob das Tier gehen möchte oder nicht, keine Sorge, wenn es nicht an der Zeit ist, dann wird die Verbindung nicht gelöst, obwohl ihr darum gebeten habt.

TIERSEELEN HELFEN AUS DEM JENSEITS

Nachdem unsere Seelengefährten ins Regenbogenland gegangen sind, können sie durchaus noch immer energetisch bei uns sein. Sie sind weiterhin mit allen anderen Seelen verbunden. So ist es keine Seltenheit, dass sie nach ihrem physischen Tod in Träumen oder im Geiste erscheinen und weiterhin Energiearbeit leisten. Sie trösten und beschützen im Traum, geben Mut und Zuversicht im Alltag.

Eine Freundin von mir berichtete, dass mein Hund Kayo sie im Traum vor einer bösen Frau beschützt hätte. Ein anderes Mal war sie sehr traurig, als auf einmal Kayo kam und sie tröstete. Auch in ihren und meinen Seminaren war er immer wieder anwesend und half mit.

Oftmals haben Menschen berichtet, das Bellen ihres Hundes gehört zu haben, durch das sie aufwachten und so das Feuer in ihrem Haus bemerkten. Menschen haben auf Fotos ihre verstorbenen Tiere deutlich erkennbar mit darauf gehabt. Immer wieder höre ich von Menschen, die mich wegen ihres verstorbenen Tieres kontaktieren, dass sie das Gefühl hätten, das Tier sei noch anwesend, ja sie „sehen“ es teilweise sogar. Die Tiere geben uns Botschaften und energetische Hilfe und sind meist noch lange Zeit in unserer Nähe, bis sie vielleicht wieder in anderer Gestalt in unser oder ein anderes Leben treten.

Fallbeispiel:
Als Kayo ins Licht ging, räumte ich am nächsten Tag sofort mit Freunden alle Sachen von ihm weg, teilweise verschenkte ich sie und den Rest tat ich zum Wegwerfen in eine Tüte und stellte sie vor die Tür. Unter anderem auch seinen kaputten Fußball, den er geliebt hatte. Dann mussten wir fahren, denn das Krematorium hatte nur kurz geöffnet, da es Sonntag war. Es war die schwerste Fahrt in meinem Leben.

Als wir wieder nach Hause kamen, lag sein Ball im Vorgarten. Ich war erst etwas erstaunt, aber dann dachte ich mir, dass ich ihn hatte einpacken wollen, es aber dann doch vergessen hätte. Also hob ich den Ball auf, steckte ihn in die Tüte und verschloss sie. Ich ging ins Haus, um den anderen Müllsack zu holen. Es waren etwa drei, vier Minuten vergangen, als ich mit dem Müllsack wieder zur Tür hinausging. Da verschlug es mir den Atem. Die Tüte draußen war wieder offen und der Ball lag im Schnee, ein Stück entfernt von der Tüte – und glaubt mir, weit und breit war kein Mensch zu sehen! Zumal hätte man ja Fußspuren im Schnee gesehen. Der Schnee war unberührt!

Seitdem liegt der Ball neben Kayos Urne. Zur Freude der Hunde, die zu Besuch kommen.

KRAFTTIERE

Krafttiere können im feinstofflich oder auch in grobstofflichen Bereich bei uns sein. Ist es ein Pferd, ein Hund, eine Katze oder ein anderes Haustier, ist es durchaus möglich, dass es mit uns im Haushalt bzw. in unserer Nähe lebt. Bei anderen Krafttieren, wie beispielsweise dem Greif, dem Pegasus und dem Einhorn usw., wird es schon etwas schwieriger. Die sind dann eher auf der feinstofflichen Ebene für uns da.

Anders als im Schamanismus habe ich die Wahrnehmung und Information von der Geistigen Welt, dass es im Leben mehrere Krafttiere geben kann. Ein Krafttier begleitet uns während eines Lebensabschnitts und stellt uns seine Energien und Qualitäten zur Verfügung. Es bleibt so lange, bis eine bestimmte Bewusstseinsstufe in unserem Leben erreicht ist. Dann hat es seine Aufgabe erfüllt und geht wieder. Es macht Platz für ein anderes Krafttier, dessen Qualitäten wir für den nächsten Bewusstseinsschritt brauchen. Vermehrt stelle ich auch fest, dass manchmal zwei oder drei Krafttiere gleichzeitig wirken. Das entspricht der jetzigen Qualität der Zeit.

Kinder haben viele Tiere um sich herum, da lässt sich manchmal ein bestimmtes Krafttier noch nicht so einfach herauskristallisieren.

Zum Nachschlagen der Qualitäten eignen sich Krafttierbücher. Das bisher beste Krafttierbuch, mit dem auch ich arbeite, ist von Jeanne Ruland. Neu herausgekommen ist inzwischen auch ihr zweiter Band „Krafttiere und Helfertiere“.

Wie findet man sein Krafttier?

Meine Krafttiere sind mir im Traum, in Meditationen und in der Realität begegnet. Diese Zusammentreffen waren immer sehr emotional und manchmal auch sehr ungewöhnlich. Krafttiere, die in unserem Leben als reales Tier auftauchen, erkennt man an ihrem auffälligen Verhalten, sich Aufmerksamkeit verschaffen zu wollen. Ein Eichhörnchen, das zum Beispiel vor einem sitzen bleibt und einen lange anstarrt; das Reh, das nicht wegläuft, sondern zutraulich stehen bleibt, ohne Tollwut zu haben; der Bussard, den man während einer Autofahrt immer wieder auf Begrenzungspfosten an der Straße sitzen sieht, usw. Man spürt es, wenn man seinem Krafttier begegnet.

Sein Krafttier kann man aber auch in einer Meditation finden.

Dafür nehmt ihr euch eine halbe Stunde Zeit. Begebt euch in einen Raum, wo ihr ungestört seid. Ihr könnt einen guten Duft versprühen oder eine Duftöllampe anzünden, dazu noch eine Kerze. Macht es euch einfach gemütlich und sorgt dafür, dass ihr nicht gestört werdet. Begebt euch in eine Position, in der ihr cirka eine halbe Stunde sitzen oder liegen könnt, am besten ohne einzuschlafen.

Beispiel für eine Meditation:

Schließ die Augen und atme vollständig aus. Mit jedem Einatmen nimmst du saubere, klare und frische Lebensenergie auf und mit jedem Ausatmen atmest du alles aus, was dich anspannt und verspannt ... Du atmest wieder tief ein, verteilst den Atem in jede Zelle deines Körpers ... und du atmest alles aus, was nicht zu dir gehört. Mit jedem Atemzug spürst du, wie du tiefer und tiefer in die Gelassenheit kommst ... Wenn dir Gedanken in den Sinn kommen, lass sie vorbei ziehen, wie die Wolken am Himmel ... Du spürst, wie du nun noch tiefer in die Entspannung kommst ... Du lässt dein Tagesbewusstsein los und dehnst dich mit jedem Atemzug weiter und weiter aus, über die Grenzen hinaus, bis in die Unendlichkeit ... ... du bist mit deinem Sein in der Verbundenheit mit ALLEM-WAS-IST!.

Vor deinem geistigen Auge siehst du nun eine Frühlingswiese. Du riechst das frische grüne Gras, siehst den strahlend blauen Himmel, spürst die wärmenden Strahlen der Sonne auf deiner Haut, hörst den Bach rauschen und beobachtest das Spiel der Schmetterlinge auf der Wiese und die Bienen, wie sie fleißig ihren Honig sammeln.

Du bittest die geistige Welt, dich dorthin zu führen, wo du dein Krafttier finden kannst.

Du hast das Verlangen, deine Schuhe auszuziehen und das feuchte Gras zwischen deinen Zehen spüren zu wollen. Barfuß läufst du über die Frühlingswiese und folgst dem Impuls, der dir gegeben wird.

Falls noch kein Impuls kommen sollte,

gehst du auf den nahe gelegenen Wald zu. Der Duft der Bäume dringt in deine Nase, du siehst die Sonnenstrahlen, die zwischen ihnen hindurch auf den Boden fallen, die Insekten, die zwischen dem Farn und den Sträuchern hin und her fliegen. Du spürst den Nadelboden und das weiche Moos unter deinen Füßen und in einiger Entfernung siehst du nun eine Lichtung, auf die du zugehst. Diese Lichtung ist umgeben von vielen Bäumen und Sträuchern. Der kleine Bach fließt mitten hindurch und mündet etwas weiter hinten in einen kleinen See.

Mittig in der Lichtung liegend findest du einen großen, Stein, der dich einlädt, auf ihm Platz zu nehmen. Du genießt die Ruhe und lauschst den Naturklängen. Der Zeitpunkt ist ideal, um in Kontakt mit deinem Krafttier zu treten. Du äußerst erneut den Wunsch, dein Krafttier nun kennen lernen zu dürfen. So bittest du die geistige Tierwelt, dass dir dein Krafttier jetzt erscheinen möge.

Warte ab, welches Tier zu dir auf die Lichtung tritt. Falls du noch keines „sehen" kannst, so lausche auf ein Geräusch, einen Atem-

zug, spüre eine Berührung oder wie es sich anfühlt: Hat es Federn oder ein Fell, Schuppen oder einen Panzer? Achte auf alles, was nun kommt.

Alles ist möglich! Alles IST!

Wenn du dein Krafttier erkennen kannst, so bedanke dich für sein Kommen. Sieh es an und begrüße es. Gebt euch Zeit, euch kennen zu lernen … Frage es, ob du es berühren darfst … vielleicht bekommst du auch einen Namen. Trage diesen als Schwingung in deinem Herzen … Nun frage es, ob es dir etwas zeigen oder sagen möchte … vielleicht hat es auch ein Geschenk für dich. Wenn du das Gefühl hast, dass es an der Zeit ist, sich wieder zu verabschieden, bedankst du dich bei deinem Krafttier noch einmal dafür, dass es gekommen ist … Du siehst, wie es die Lichtung wieder verlässt … Voller Freude und Dankbarkeit über das eben Erlebte gehst du ebenfalls von der Lichtung zurück, wieder über die Blumenwiese zu dem Ort, von dem du gekommen bist. Du ziehst deine Schuhe wieder an, atmest nochmals tief ein und aus und fühlst wieder deinen Körper und die Unterlage, auf der du liegst. Du reckst und streckst dich und bist wieder ganz im Hier und Jetzt. Du öffnest deine Augen, wann immer du dazu bereit bist.

Du kannst in der Meditation natürlich an jeden x-beliebigen Ort gehen, um dein Krafttier zu finden. Den Möglichkeiten sind keine Grenzen gesetzt. Lass dich einfach darauf ein und vertraue, dass alles richtig ist, was du machst.

Wie geht man mit seinem Krafttier um und wie nutzt man seine Energie?

Falls dein Krafttier feinstofflicher Natur sein sollte, besuche es regelmäßig in Meditationen und verbinde dich gedanklich mit ihm. Freundschaften wollen gepflegt sein! Du kannst ihm Geschenke bringen. Befrage es nach deiner aktuellen Situation oder was auch immer du wissen willst. Achte darauf, was geschieht.

Wenn du es einmal schnell brauchst, reicht es, seinen Namen auszusprechen, den du in deinem Herzen trägst.

Lebt es in deiner unmittelbaren Nähe, so befindest du dich in seinem Energiefeld. Sei aufnahmebereit und offen, beschäftige dich mit ihm, beobachte es und verbinde dich mit ihm. Lies am besten die Beschreibung zu deinem Krafttier in einem Buch nach.

Du wirst sehen, dass es Themen in deinem Leben gibt, wobei dir das Krafttier mit seinen Energiequalitäten helfen kann.

HELFERTIERE

Es war 2010, als ich von der Geistigen Welt aufgefordert wurde, den Menschen mitzuteilen, dass die Helfertiere bereit sind, uns zu unterstützen, wir sie jedoch zu selten um Hilfe bitten.

Helfertiere stehen uns kurzfristig zur Verfügung, je nachdem, wie lange die Situation anhält, in der wir uns gerade befinden. Es können an einem Tag auch unterschiedliche Helfertiere kommen.

Jetzt in dieser Zeit, wo alles im Wandel ist, sich die Energien anheben, vieles in Auflösung gehen darf, ist es besonders wichtig, die Geistige Welt um Unterstützung zu bitten. Denn auch unsere Körper dürfen in die „nächste Dimension“ aufsteigen. Das geht manchmal nicht ohne Schmerzen. So haben wir z.B. vermehrte Kopfschmerzen, öfter mal Übelkeit, Schwindel usw. Hier können wir uns mit einem Helfertier verbinden, das uns genau für diese Situation mit seinen Energiequalitäten zur Heilung verhilft.

Ich bekam die Botschaft, dass man sich mit dem Helfertier verbinden sollte, und dann nachfolgende Worte:

„Ihn ihm, durch ihn und mit ihm“

Merkwürdig, irgendwie kam mir das bekannt vor! Nach einiger Zeit fiel es mir wieder ein – stand das nicht in der Bibel?!

Ich wartete ab, welche Informationen noch kommen würden:

„Mit ihm“ bedeutet: zu Kraftorten zu gehen, die uns in dieser Situation gut tun.

„In ihm“ bedeutet: im Tier zu sein, den Tierkörper und dessen Energiequalitäten zu spüren und zu fühlen.

„Durch ihn" bedeutet: Ihr seid noch im Körper des Tieres und nehmt etwas zu euch, zum Beispiel Heilkräuter oder ihr trinkt aus Heilquellen usw.

Wie verbinde ich mich mit dem Helfertier?

Generell gilt hier derselbe Ablauf wie beim Krafttier.

Anschließend gehst du in Gedanken an einen wunderschönen Ort, an dem du dich wohl fühlst, und bittest dann, dass dein Helfertier kommen möge.

Warte ab, was für ein Tier kommt, begrüße es. Du kannst es nach seinem Namen fragen, und lernt euch kurz kennen.

Dann geh mit ihm. Es wird dich an einen Platz bringen, dessen Energie du jetzt benötigst. Nimm dir so viel Zeit, wie du brauchst. Fühle diesen Ort, wie wirkt dieser auf dich, gibt er dir Kraft oder Ruhe?

Dann frage es, ob du in seinen Körper schlüpfen darfst. Hast du die Erlaubnis bekommen, so verschmilz mit dem Tier. Denke daran, alles ist möglich! Fühle und spüre dich.

Renne, fliege, schwimme, was auch immer. Nimm dir wieder so viel Zeit, wie du willst.

Zu guter Letzt wirst du durch ihn etwas fressen oder trinken. Es dient deiner Heilung. Schmecke und fühle, wie es wirkt.

Dann verlasse den Körper des Tieres und ordne an, dass alle deine Seelenanteile bei dir bleiben und die des Tieres bei ihm bleiben.

Bedanke dich für die Hilfe und Bereitstellung seines Körpers und verabschiede dich wieder.

Probiere es aus, dies hilft bei kurzfristigen Symptomen und Situationen, nicht bei chronischen oder länger andauernden Erkrankungen.

Fallbeispiel:
Als ich einmal sehr müde und energielos war, rief ich ein Helfertier. Es kam ein Pferd. Es führte mich auf eine Lichtung. Es war ein sehr kraftvoller Ort. Danach verschmolz ich mit dem Tier. Ich spürte seine gewaltige Energie und Kraft. Ich fühlte die kräftige Muskulatur, die starken Sehnen, das wallende Blut in allen unseren Adern. Wir wurden eins. Wir galoppierten über die Wiesen und Weiden, ich fühlte die Erde unter meinen Hufen, die Luft, die mir um die Nüstern strich. Es war atemberaubend. In Worten nicht wiederzugeben. Wir machten Rast an einer Quelle und tranken davon. Nach einer kurzen Pause bedankte ich mich bei dem Helfertier und kehrte in meinen Körper zurück. Ich spürte in mich hinein und war voller Energie, die über den Tag anhielt.

HÜTER DER LEBENSENERGIE

Das Tier, das für die Lebensenergie zuständig ist, nehme ich anders als das Krafttier wahr.

Bei der Behandlung von Menschen zeigten sich immer häufiger „weiße“ Tiere. Zuerst verstand ich nicht, warum diese auf einmal alle weiß waren und auch zum Teil als Fabelwesen auftauchten. Alle trugen sie eine Art Kristall auf der Brust. Der manchmal dunkler oder auch heller leuchtete. Ich fand heraus, dass diese Tiere die Lebensenergie des Menschen hüten. Aus dem Zustand der Tiere kann man Rückschlüsse auf den Gesundheitszustand des Menschen schließen. So fühlte sich der Mensch gleich viel besser, wenn ich den Hüter der Lebensenergie behandelte.

Später fiel mir der Film „Der goldene Kompass“ ein. War es da nicht auch so, dass jeder Mensch ein Tier bei sich hatte, das, wenn er von diesem getrennt wurde, immer schwächer wurde und dann auch sterben würde?!

Ja, und da manche Filmautoren wohl sehr eng an die Geistige Welt angeschlossen sind, wunderte mich das nun nicht mehr. Wie viele Filme sind schon Wahrheit geworden, die wir als Science-Fiction abtaten?

Der Film „Avatar“ zeigt uns unter anderem die Verbundenheit zu Allem-Was-IST.

WÄCHTERTIERE

Das Wächtertier ist als Schutz äußerst hilfreich, wenn es darum geht, mit anderen Tieren Kontakt aufzunehmen, unabhängig davon, ob diese noch leben oder bereits gestorben sind.

In den Anfängen meiner Kommunikation mit Tieren bemerkte ich immer wieder einmal einen Druck im Solarplexus. Ich musste oft die Energien von mir lösen, manchmal gelang es mir aber nicht. Ich fragte die Geistige Welt, was ich denn tun könne, um das zu vermeiden. In einer Meditation stellte sich dann ein Bär bei mir vor. Ich fragte ihn nach seinem Namen und wer er denn sei. Er sagte, sein Name sei „Wohonka" und er sei mein Wächtertier. Er würde zukünftig aufpassen, dass die Seelen und Seelenanteile eines jeden in seinem Bereich bleiben würden. Er sei auch der Wächter der Übergänge.

Ich würde jedem empfehlen, sich sein Wächtertier zu suchen und vor jeder Verbindung mit einzuladen. Vergesst die Geschenke nicht!

Finden könnt ihr das Wächtertier ebenfalls in einer Meditation, genauso wie die Krafttiere oder die Helfertiere.

Pflegt die Freundschaft zu euren Tieren, zu den grobstofflichen wie zu den feinstofflichen.

Fallbeispiel:
Ich war mit meinem damaligen Lebensgefährten wieder einmal unterwegs zu Seminaren und Vorträgen. Da ich damals – 2011 – noch hauptsächlich mit Büroarbeiten beschäftigt war und zu wenig Zeit für meine Praxis, Vorträge und Seminare hatte, ereignete sich folgendes.

Wir waren bei Freunden im Garten und ich spielte mit deren Hund. Ich hielt die Frisbee-Scheibe genauso fest wie der Hund. Als er nachfasste, erwischte er meine rechte Hand und biss zu. Das tat erst einmal etwas weh. Gemessen an der Kraft des Bisses tat es aber wiederum nicht so weh. Ich dachte darüber nach, warum das passiert war. Ich kam zu der Erkenntnis, dass ja die rechte Hand u.a für die Dinge im Außen steht, also auch für das Berufliche. Da ich die Scheibe nicht losgelassen hatte, sollte dies ein Hinweis für mich darauf sein, nicht so stark an meiner Büroarbeit festzuhalten. Tatsächlich hatte ich zwei Tage zuvor fast rund um die Uhr im Büro gearbeitet, um alles zu erledigen, was ich in der nächsten Woche nicht machen konnte.

Interessanterweise war mir mein Pferd Lina zwei Wochen zuvor auf meinen rechten Fuß getreten, auch hier waren die Schmerzen wieder nur so stark, dass ich sie wahrgenommen hatte. Immerhin wog Lina nun schon an die 300kg. Der rechte Fuß steht für den Standpunkt im Außen, den ich nicht vertrat, denn ich lebte nicht meine Berufung.

Hinweis: Beruf kommt von Berufung

… Also hatte ich von zwei unterschiedlichen Tieren die Hinweise auf ein und dasselbe bekommen. Ich wusste, dass es an der Zeit war, an diesem Thema etwas zu verändern. Vielen Dank, ihr beiden!

Ein paar Wochen später war es wieder einmal soweit. Ich wollte erneut in meinem Leben die Flucht ergreifen. Das Jahr 2011 war das Jahr, in dem alte Muster, tiefliegende Glaubenssätze usw. aufgelöst werden durften. Dies geschieht oft und teilweise sehr heftig auch durch Spiegel, die geliebte Personen einem vorhalten. Ich war kurzzeitig an meine Grenzen gestoßen und wollte, wie schon ein paar Mal zuvor, einfach meine Sachen packen und gehen. An jenem Tag stieg mir Lina auf meinen linken Fuß (links – Innen und Zukunft, Fuß – weggehen oder auch Standpunkt) und blieb auch darauf stehen, so dass ich nicht weggehen konnte. Ich erkannte dies und blieb. Ich befolgte die Zeichen, die Lina mir gegeben hatte. Das war auch gut so. Das erste Mal in meinem Leben lief ich nicht davon. Ich sprach mich mit meinem Partner aus. Danke, Lina!

Fallbeispiel:
Freunde sprachen mich an, ob ich denn mit ihrem Kater Kontakt aufnehmen könnte. Sie wollten wissen, ob er etwas mitzuteilen habe. Momentan fühle er sich nicht ganz wohl.

Ich bekam ein Bild, wie ein Adler hoch in den Lüften kreist und über das weite Land blickt. Die Botschaft hierzu war: Leichtigkeit, die Dinge von oben zu betrachten und im Ganzen zu sehen, dann können sie besser verarbeitet werden.

Die Botschaft galt der Frau. Es kamen noch die Sätze: „Grenzenloses Wesen“ und „Es ist alles und alles ist nichts.“

Dann kam überraschenderweise noch ein Gedicht.

Ja, die Seelen sind durchaus poetisch, nicht alle – manche!

Auf leisen Pfoten streiche ich umher,
um zu sehen von der Welt und mehr.
Manchmal geduckt und manchmal aufrecht,

bis ihr zu euch selbst aufbrecht,
wandle ich durch die Welten auf allen Vieren,
die Grenzen zu überwinden, die nicht existieren.

Auf gut deutsch: Die Frau solle nicht immer nur einzelne Situationen beurteilen, sondern alles im Ganzen betrachten. Dadurch würde sie sich das Leben und die Verarbeitung so mancher Emotionen erleichtern. Sie solle sich an ihr Wesen erinnern, das grenzenlos ist: Alles ist möglich. Sie solle die Grenzen zu sich selbst durchbrechen. Im Stillen (Innen) sowie im Außen.

Der Kater lebt es ihr vor. Sie solle auf ihn achten, wie er sein Leben gestaltet.

Fallbeispiel:
Eine sehr gute Freundin von mir bat mich um eine Kommunikation mit einem Dackel.

Der Hund nahm alle Krankheiten, die es gerade zu vergeben galt.

Ich fühlte mich in seine Seele ein. Er trägt alles für sein „Frauchen“. Er ist sehr sensibel. Er stellt sich als Kavalier, als Poet und eine Art Musketier dar. Im „Dienste“ Ihrer Majestät.

Seine Botschaft, ebenfalls in Gedichtform, war wie folgt:

Der Welten Sinn zu verstehen,
geht nicht, ohne vorwärts zu gehen.
Zu tragen die Last, den Kummer, die Sorgen,
so lebe im Hier und Jetzt – nicht gestern oder morgen.
Sieh hin zur Schöpfung, Gottes Natur,
so wertvoll ist Gottes Gaben Spur.

Schnick und Schnack und viel Drumherum –
Glanz und all der Glimmer,
es geht nun nicht mehr schlimmer.
So, vielgeliebtes Erdenwesen,
hebe dich empor über alles, was da gewesen,
um zu sehen den Lichterschein,
der dich umgibt – trotz all der Pein.
Denn einzig und allein,
… deine Seele ist rein.
So vieles, was zählt für dich,
kann unterschiedlicher nicht sein,
das einzig Wahre … musst nur fühlen in dich hinein.
Dort liegen alle Antworten bereit,
die du suchst – schon seit langer Zeit.
Treu an deiner Seite zeig ich dir,
hier als Tier,
zu finden deinen Seelenweg,
wo ICH dir – die Zeichen leg!

Ich fragte meine Freundin, wie denn die Frau so sei. Sie ist anscheinend sehr wohlhabend, hat sich einen Partner „gekauft" und umgibt sich mit allem, was – zum Teil – die Welt nicht braucht! Sie lenkt von sich ab und versteht den Sinn ihres Daseins nicht. Anhand der Symptome und Krankheiten ihres Hundes hätte man sehr wohl Rückschlüsse auf die Themen der Frau ziehen können. Leider hält sie nichts von Tierkommunikation.

Fallbeispiel:
Eine Teilnehmerin am Seminar hatte keinen eigenen Hund. Sie brachte ein Foto von dem Hund ihrer Tochter mit. Der Hund hatte

starke Spondylose gehabt und somit bereits Probleme mit den Hinterläufen. Der Hund war kurz vor dem Seminar ins Licht gegangen.

Die Botschaft für sein Frauchen war:
Sie meint, alles im Leben tragen zu müssen, hat starre Verhaltensmuster und Selbstwerteinbrüche. Er sagte, dass es an der Zeit war zu gehen, damit sie loslassen lernt und in ihre Entwicklung kommt. Sie hängt bloß rum und ist bewegungsunfähig. Sie soll sich auf die Hinterbeine stellen und auf eigenen Beinen stehen und laufen lernen.

Für die Mutter kamen auch noch einige Hinweise in Bezug auf sie selbst und die Tochter.

Die Teilnehmerin sagte, dass alle Aussagen sehr treffend wären.

Fallbeispiel:
Eine Seminarteilnehmerin hatte ein Foto ihres Hasen dabei.

Dieser meinte: Du bist ängstlich, zurückhaltend und schüchtern, frisst alles in dich hinein. Du sollst deinen Wert erkennen, aus dir herausgehen, dein Herz öffnen, du brauchst keinen Schutzpanzer, du bist nicht allein, du bist mit allem verbunden, was ist, das gilt es für dich wieder zu finden. Freiheit, Leichtigkeit, das kindliche Lachen und Losgelöstheit fehlen dir. **Erkenne dich!**

Daraufhin musste sie erst einmal weinen. Wie recht ihr Hase doch hatte!

Fallbeispiel:
Ein Teilnehmer hatte ein Foto einer Kuh dabei. Diese gab uns Hinweise auf ein Mutter-Thema bei ihm. Ich arbeitete in seinem Energiefeld und mit seinem inneren Kind. Die Veränderung war bereits im Seminar sehr ersichtlich.

Er hatte einige Kühe, aber er hatte sich für diese entschieden!

Fallbeispiel:

Der Hase einer 14-jährigen Teilnehmerin meinte folgendes:

Es gibt immer Zeiten der Ebbe und Flut,
doch im Herzen lodert die Glut.
So lerne – alles, was ist, ist gut.
Hell und Dunkel, Oben und Unten,
Hör auf, immer wieder zu unken.
Jede Seite bedingt die andere,
So mach dich auf deinen Weg und wandere
durch die Gestirne der Zeiten,
du kannst dich nicht verlieren in den Weiten.
Nur du, du allein kannst es schaffen,
keine Angst, du machst dich dabei nicht zum Affen.
So gehe hin mit deinem Mut,
denn vor dir zieh ich meinen Hut.

Sie möchte später einmal Tierärztin werden und ganzheitlich mit den Tieren arbeiten. Mit Körper, Geist und Seele. Mit dem Selbstvertrauen haperte es immer wieder noch und auch das Unken passte zu ihr.

Fallbeispiel:
Das Pferd einer anderen 14-jährigen Teilnehmerin sagte:

Alt und weise
dreht sich die Welt im Kreise.
Du begibst dich auf eine lange Reise,
Gott zum Ruhm und dir zum Preise.

Hast du auch noch nicht verstanden der Welten Sinn,
so besteht dein Wissen von Anbeginn.
Begleitet von vielen Erdenwesen und der geistigen Welt,
wirst du finden, was du suchst,
unter des Himmels Zelt.
Die Aufgabe, die da ist dein,
Findest du im Herzen, das da ist so rein.
Manchmal auch begleitet wird von all der Pein.
Zu tragen der Menschen Sorgen,
bin ich gekommen und so geh ich auch in jeden Morgen.
Dir zu helfen auf deinem Weg,
zu wandern auf dem goldenen Steg,
bin ich jederzeit für dich da,
Tag für Tag, Jahr für Jahr.

Auch wenn sie seine Worte jetzt noch nicht versteht, bat ich sie, das Gedicht aufzuheben und später nochmals zu lesen, wenn sie älter sei.

Für uns/mich war es verständlich, als ich mir danach einiges über sie und ihre Familie erzählen ließ.

Tatsächlich nahm das Pferd den Menschen, die in den Stall kamen, sehr viele Energien ab. Da es aber selber nicht mehr so ganz in seiner Kraft stand, fingen die körperlichen Beschwerden an.

BOTSCHAFTEN DER TIERE FÜR DIE MENSCHHEIT

Die Botschaft des Lämmchens ohne Namen …

Anfang August 2009

Ich ging wie jeden Tag mit Kayo an dem Hof vorbei, in dem dessen Verwalter u.a. auch seine Schafe hält. Er geht sehr liebevoll mit ihnen um. Sie wohnen in einem Offenstall. Der Auslauf ist zwar nicht sehr groß, aber mehr, als andere Tiere zur Verfügung haben. Ich ging gerne diesen Weg, denn oft sah man junge Lämmer auf der Wiese spielen und herumtoben. Es war so viel Freude und Leichtigkeit bei ihnen spürbar.

An diesem besagten Tag zog es mich aber direkt in den Stall. Dieses Verlangen hatte ich bisher noch nicht gehabt, sah ich mir die Tiere doch lieber draußen auf der Wiese an. Ich wusste, dass erst kürzlich wieder Lämmchen auf die Welt gekommen waren.

Ich kehrte um und wie es der „Zufall“ will, kam gerade auch der Verwalter des Hofes. Ich fragte nach, ob ich seine Lämmchen sehen dürfe. „Gerne“, meinte er und nahm mich mit in den Stall. Ich sah zwei Lämmchen bei den anderen stehen und eines lag im Stroh. Ich fragte den Mann, ob es einen Namen hätte. Er meinte: „Nein“, aber ich könne ihm ja einen geben. Innerlich spürte ich, dass das Lämmchen keinen Namen mehr wollte. Ich fragte, was denn mit ihm los sei, da es sich für mich energetisch nicht gut anfühlte. Er meinte, dass es vor fünf Tagen bei einer Rangelei der großen Schafe heftig getreten worden war. Es hatte sich die Schulter verletzt und konnte nicht mehr richtig laufen. Nachdem es Spritzen bekommen hatte, ging es dem Lämmchen besser. Gestern war es noch gestanden und auch schon wieder gelaufen, sagte er. Jetzt wunderte der Mann sich selber, warum es so teilnahmslos da lag. Ich fragte ihn, ob ich dem Lämmchen etwas Energie geben dürfte. Er war sofort damit einverstanden. Noch ehe ich über den Zaun steigen konnte, hatte er es an den Vorderläufen ergriffen und hochgehoben. Ich fühlte und wusste, dass es das jetzt war. Er legte es vor meinen Füßen ab, in einen Strohhaufen. Es fing an zu blöken. Ich wollte die Hände auflegen, aber es wollte sich von mir nicht behandeln lassen. In diesem Moment kam eine so starke Traurigkeit in mir auf, dass ich zu weinen anfing. Ich wusste, es wird gehen.

Die Seele des Lammes sagte:

NICHT GENUG DAMIT, DASS IHR MENSCHEN
EUCH EINSPERRT!!!

Es wollte nicht in seiner Freiheit eingeschränkt sein, es wollte als freies Schaf leben und es war gekommen, um uns diese Botschaft mitzuteilen. Das Lämmchen starb an einem Lungenriss. Die Lunge steht übrigens u.a. auch für die Freiheit!

Da sieht man wieder ganz klar und deutlich, dass wir alle miteinander verbunden sind. Ich gehe nun schon fast zwei Jahre an diesem Hof vorbei, aber es war das erste Mal, dass ich die Lämmchen im Stall sehen wollte. Ich sah sie ja immer draußen auf der Wiese. Das Lämmchen wollte nicht bleiben, also hat der Seelenverbund der Schafe dafür gesorgt, dass es verletzt wird und sterben kann. Durch die Spritzen konnte das Lämmchen so lange am Leben bleiben, bis ich kam. Danach konnte das Lämmchen weiter seinen Seelenplan erfüllen. Durch das Herausheben wurde der Lungenriss so groß, dass es gehen konnte.

Die Seele des Lämmchen bat mich, diese seine Botschaft an uns Menschen nach draußen zu tragen.

Ich versprach, dies zu tun.

Januar 2012
Botschaft einer Katzenmama

Ich bin nun zum zweiten Mal in Sri Lanka. Es ist der 23. Januar 2012. Bei unserer Ankunft im Hotel sah ich eine Katze mit ihren gerade einmal zwei Wochen alten Babys im Hotelaufgang unter einem Strauch liegen. Sie hatte fünf gesunde Kätzchen zur Welt gebracht. Da gingen mir wieder Gedanken durch den Kopf, was

wohl aus den Kleinen werden würde. Bekommt die Katzenmama genug zu fressen? Hat sie genügend Kraft, die Kleinen zu versorgen? Während ich so da stand und mir Sorgen machte, gab sie mir zu verstehen:

Es ist nicht die Kraft,

sondern die Liebe zu sich selbst und zu allem, was ist,

die das Leben aufrechterhält.

Juli 2013
Die Botschaft von der Kuh Anie zur heutigen Zeit

Diese Botschaft erhielt ich am 07.07.2013, kurz vor Abschluss des Buches. Eine Teilnehmerin aus der Schweiz schickte mir das Foto ihrer Kuh mit ihrem neugeborenen Sohn (04.07.2013) zu. Daraufhin kam folgende Botschaft für uns Menschen:

Seht hin, was wir euch schenken Tag für Tag.
Es nun zu sagen, auf dem Herzen mir lag.
Das Wunder „Leben“
soll Licht und Liebe in eure Herzen geben.
Wann lernt ihr es zu schätzen?,
anstatt eure Messer zu wetzen.
Meine Liebe steckt in diesem, meinem Kind,
für euch jedoch ist es nur ein Rind!
Warum meint ihr so viel besser zu sein,
euer Leben besteht aus Trug und Schein.
So wacht endlich auf und seid bereit,
die Zeit, es ist soweit!
So viel Trauer, Schrecken und Leid,
wo lenkt ihr hin eure Aufmerksamkeit.
Seht hin, was ihr habt gebracht über des Tieres Welt,
… alles nur wegen dem Geld!
Reicht es euch nicht nur zu nehmen, was ihr braucht,

Nein, es geht um ein Vielfaches darüber hinaus.
So stellen wir freiwillig viel zur Verfügung,
warum tötet ihr immer noch zur Vergnügung?
Zur Befriedigung eurer Gier,
das darf aufhören, jetzt und hier!
Die Zeichen die ihr bekommt, nehmt sie wahr!
Überschwemmungen und Feuersbrunst, sie sind schon da.
Zur Reinigung von Mensch und Welt,
zu verstehen es euch noch sehr schwer fällt.
Die Tierwelt euch langsam genommen wird,
werdet euch bewusst, wohin das alles führt.
Es wird nun transformiert,
alles aus dem Gleichgewicht Gekommene,
und als schwere und dichte Energie Geronnene.

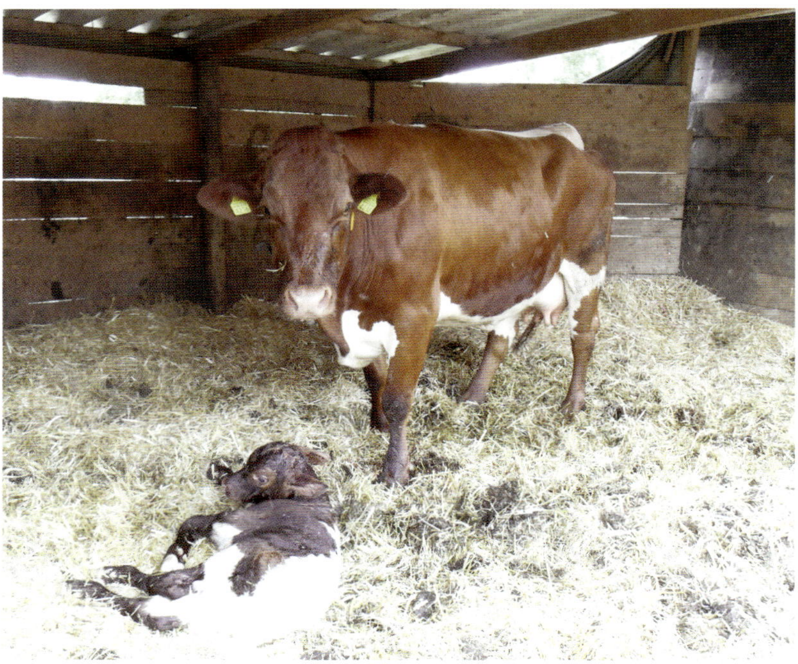

VEGETARIER – JA ODER NEIN?

Früher, als die Jäger sich aufmachten, ein Tier zu erlegen, setzte sich der Schamane mit dem „Großen Geist" und der Seele des Tieres in Verbindung, bevor sie es töteten. Er fragte, ob es bereit sei, sein Fleisch für sie zu geben. Wenn es einwilligte, wurde es von den Jägern erlegt. Sie bedankten sich bei dem Tier und ehrten es. Sie brachten der Seele im Tier Achtung und Respekt entgegen. Durch das Fleisch, das sie aßen, verbanden sie sich auf ihre Art und Weise nochmals mit dem Tier zu einem All-eins-Sein.

Aber …

was heute nicht mehr vertretbar ist, ist allerdings die Art und Weise, wie Tiere gehalten und geschlachtet werden, und die Zahl der Schlachtungen.

Nachfolgend ein Auszug aus einem Bericht der
„Stiftung für das Tier im Recht" (Schweiz)
http://www.tierschutz.org/tierschutz/problembereiche/nutztiere/schlachtung/allgemeines/massenschlachtung.php:

Zwischen 1950 und 1990 wurde die weltweite Fleischproduktion vervierfacht. Allein in den USA werden heute jeden Tag 14 Millionen Nutztiere zu Nahrungszwecken getötet, was einer jährlichen Gesamtzahl von 5 Milliarden entspricht (Fische nicht eingerechnet); global waren es 1998 sogar über 43 Milliarden. In dieser Zahl noch nicht eingeschlossen sind der Verbrauch einiger kleiner Länder, in denen die Schlachtquoten nicht statistisch erfasst werden, sowie insbesondere sämtliche weltweit zu Nahrungszwecken getöteten Fische und Meerestiere. Eine zusätzliche Milliarde Nutztiere starb1998 außerdem infolge intensiver Haltungsbedingungen oder auf dem Transport zum Schlachthof vorzeitig. Mit jährlich rund 80 Kilogramm stehen die Vereinigten Staaten weltweit denn auch an der

Spitze des durchschnittlichen Pro-Kopf-Konsums von Fleisch, gefolgt von Frankreich (72), Dänemark (71), Australien (69), Spanien (66), Irland (65) und Deutschland (62). Dabei zu berücksichtigen ist, dass der Gesamtfleischverbrauch pro Kopf (einschließlich Knochen, Futter, industrieller Verwertung und allgemeinen Verlusten) jeweils noch um rund ein Drittel höher liegt. Obschon die unionsweiten Zahlen im Vergleich fast schon bescheiden wirken, werden auch in der Europäischen Union jährlich rund 300 Millionen Säugetiere sowie eine enorme Anzahl Geflügel – allein in Großbritannien etwa 500 Millionen und in Deutschland 300 Millionen – geschlachtet.

Im Einzelnen sind dies rund 25 Millionen Rinder, über 6 Millionen Kälber, 171 Millionen Schweine, 75 Millionen Schafe (davon etwa 80 Prozent Lämmer), 9 Millionen Ziegen und rund 350.000 Pferde. Die eidgenössischen Schlachtzahlen wirken hiermit verglichen geradezu bescheiden (nicht zu vergessen ist dabei jedoch, dass die Hälfte des schweizerischen Fleischkonsums durch Importprodukte gedeckt wird). 2002 wurden hierzulande – Geflügel, Fische und Schlachtungen zum Eigengebrauch (sog. Hofschlachtungen) nicht eingerechnet – über 3,7 Millionen Tiere für Nahrungszwecke getötet, wovon mit mehr als 2,7 Millionen der weitaus größte Teil Schweine waren (gefolgt von Kälbern, Schafen und Kühen). Nicht zu vergessen ist dabei zudem, dass die Hälfte des schweizerischen Fleischkonsums – der jährlich rund 62 Kilogramm pro Person beträgt – durch Importprodukte gedeckt wird. Neben einem gewaltigen Anstieg der Tiertransporte haben diese immensen Zahlen auch Auswirkungen auf die einzelnen Schlachthöfe, welche die angelieferten Tiere in immer schnelleren Intervallen entgegennehmen, töten und verarbeiten müssen, was zunehmend größere und leistungsfähigere Anlagen erforderlich macht – eine Tendenz, die durch den andauernden Konzentrationsprozess im Schlachtwesen zusätzlich verstärkt wird.

Moderne Betriebe verfügen über Kapazitäten von beispielsweise bis zu 600 verarbeiteten Schweinen pro Stunde, während in der industriellen Geflügelschlachtung im selben Zeitintervall sogar mehrere tausend und täglich bis zu 150.000 Tiere getötet werden. In Europas größtem Schlachthaus auf der dänischen Insel Seeland werden jährlich 2,3 Millionen Schweine verarbeitet, was einer Zahl von etwa 10.000 pro Tag entspricht. Im Bereich der Geflügelschlachtung hat sich in den letzten Jahren aufgrund hoher hygienischer Ansprüche und nur geringer Schlachtgebühren pro Tier ein großer Anteil der Schlachtkapazitäten auf die Erzeugerbetriebe verlagert, während gleichzeitig die Zahl der selbständigen Geflügelschlachtereien abnahm. Die Folge davon sind insbesondere bei saisonbedingten Spezialschlachtungen (etwa bei Gänsen und Wildgeflügel) auftretende Engpässe sowie damit verbunden weite Transportwege mit entsprechend hohen Verlusten und erheblichen Qualitätseinbußen. Allen entsprechenden Bemühungen zum Trotz – das Fließband wurde im Jahre 1870 in Cincinnati (USA) eigens für die Schlachtindustrie erfunden, um die Tiere schneller töten und zerlegen zu können – ließen sich das Eingliedern der Tiere in die Produktionskette und das eigentliche Töten bislang nicht vollkommen mechanisieren. Dennoch ist der moderne Schlachtablauf weitgehend durch voll automatisierte und computergesteuerte Fließbandanlagen gekennzeichnet. Da die Wirtschaftlichkeit der Betriebe entscheidend von ihren Durchlaufzahlen abhängt, werden die einzelnen Tötungs- und Verarbeitungsschritte auf verschiedene kleine, klar voneinander getrennte und durch ein enormes Produktionstempo charakterisierte Arbeitseinheiten verteilt, sodass die Tiere moderne Schlachtbetriebe nicht selten schon dreißig Minuten nach ihrer Anlieferung in Form verkaufsbereiter Fleischprodukte wieder verlassen. Die enormen Schlachtleistungen bringen aber auch eine Reihe von Problemen mit sich. In der Praxis rückte dabei vor allem der Gesichtspunkt der Fleischqualität in den Vordergrund, da bald einmal erkannt wurde, dass diese durch den hektischen und für die Tiere belastenden Schlachtablauf nachhaltig vermindert wird (insbesondere das Fleisch verängstigter oder verletzter Schweine weist einen deutlich erhöhten Gehalt an Stresshormonen auf, was die Qualität beeinträchtigt).

So viele Tiere müssen umsonst leiden und qualvoll sterben.

So viel Fleisch wird einfach achtlos weggeworfen.

Das ist absolut gegen die Natur.

Wir leben nun einmal in dieser Zeit auf der Erde und es ist nichts dagegen einzuwenden, wenn wir auch mal Fleisch essen, aber eben in Maßen und ausgewähltes Fleisch. Am besten kauft man es bei einem Biobauern, den man kennt und von dem man weiß, dass er seine Rinder, Schweine usw. ihrer Natur entsprechend hält.

Kauft nur so viel Fleisch, wie ihr verzehren könnt, und nur dann, wenn euer Körper danach verlangt. So können wir alle einen Beitrag dazu leisten, dass wir von dieser Massenproduktion und dem Überangebot wegkommen.

Wichtig hierbei ist auch, bevor man das Fleisch isst, sich nochmals bei dem Tier zu bedanken, dass es sein Fleisch für uns zur Verfügung gestellt hat. Segnet es.

JEDER KANN HELFEN,
DAS LEID DER TIERE ZU LINDERN

Juli 2012

Ein Jäger (mittlerweile auch ein sehr lieber Freund von mir) bot mir an, mit auf den Hochstand zu gehen, um die Rehe zu beobachten. Ich stimmte zu, unter der Bedingung, dass er keines schießen würde. Er versprach dies.

Es war an einem schönen Sommerabend, als wir uns auf den Weg machten. Wir stiegen die Leiter zum Jägerstand hoch und machten es uns dort gemütlich. Mein Freund erzählte mir einiges über die Rehe, den Wald und auch darüber, dass die Auflage, mehr Rehe zu schießen, ihn traurig machte. Ein anliegender Bauer bezeichnet die Rehe sogar als Ungeziefer, weil sie die Bäume anfressen. Hallo!? Wenn der Bauer mit seinem Traktor in den Wald fährt – wie viele Bäume vernichtet er dabei? Was macht der Mensch in der Natur alles kaputt! Die Tiere haben das gleiche Recht auf Leben und Lebensraum wie wir! Aber das ist noch nicht alles, die Jäger bekommen die Auflage, eine Katze zu erschießen, wenn sie sich weiter als 30 Meter vom Haus entfernt. Soll die Katze jetzt mit einem Schrittzähler ausgestattet werden? So dass sie weiß: Aha, noch einen Schritt und dann ist Schluss?

Woher nehmen wir das Recht, über Leben und Tod zu entscheiden?! Der Hund wird erschossen, wenn er wildert. Wildern liegt in der Natur des Wolfes, darüber müssen wir Menschen uns klar sein.

Ein Tier ist kein Spielzeug! Der Mensch glaubt jedoch alles kontrollieren zu müssen. Würden die Tiere alles kontrollieren, würden wir dann noch weiterhin den Tieren helfen, so wie die Tiere nach wie vor für uns da sind? – Eine interessante Frage!

Zurück zum Jägerstand.

Es dauerte auch gar nicht lange, bis die ersten Rehe kamen. Nun sagte mein Freund, dass wir still sein müssten, um sie nicht zu verschrecken. Ich sah das eine ältere Reh an und sagte zu ihm: „Keine Sorge, es weiß, dass wir da sind“ – und in diesem Moment blickte es uns auch direkt ins Gesicht. Ich musste grinsen. „Ich hab’ ihm gesagt, dass es heute keine Angst vor uns zu haben braucht.“ Mittlerweile waren es schon drei, vier Rehe, die sich abwechselnd auf der Lichtung blicken ließen. Keines hatte sonderlich Angst oder ließ sich stören. Es hatte sich schnell herumgesprochen, dass es im Moment von unserer Seite nichts zu befürchten gab. Wir unterhielten uns weiter, während die Rehe teilweise bis unter den Jägerstand kamen.

Dann nahm das ältere Reh mit mir Kontakt auf. Es hatte eine Botschaft für den Jäger. Leider weiß ich nur noch einen Satz wortwörtlich, denn ich hatte nichts zu schreiben dabei, und ich sagte zu meinem Freund: „Pass auf, was ich dir jetzt sagen werde! Das Reh fing an mit:

‚Beobachte still, beobachte leise, die Menschheit dreht sich im Kreise …‘“

Den Rest kann ich leider nicht mehr wörtlich wiedergeben. Der Sinn der Botschaft war, dass der Jäger jetzt nun endlich seine Aufgabe angehen kann. Er wurde von den Tieren gebraucht. Aber wofür, war mir und ihm noch nicht klar! Den „Auserwählten“ begutachteten jetzt nicht nur die Rehe. Feinstoffliche Wesen waren am Waldrand erschienen und sahen sich meinen Freund, den Jäger, an. Alle waren sehr neugierig zu sehen, wer es denn nun war – auch das hatte sich schnell herumgesprochen. Plötzlich schlug die Holztür vom Jägerstand mit lautem Krachen gegen das Holzgeländer. Keines der Rehe erschrak und floh. Nein, sie blieben alle hier. Mein Freund konnte es gar nicht fassen. Das konnte er mit Sicherheit keinem seiner Jägerkollegen erzählen!

Das ältere Reh ließ ihn noch wissen, dass er sich mit ihm in Verbindung setzen solle, es werde ihn unterstützen. Da er selber schon begonnen hatte, mit Energien zu arbeiten, war ihm dies nicht allzu fremd. Ich sagte, er solle es nach seinem Namen fragen, dann hätte er eine Unterstützung bei der Verbindung. Den Namen, den er bekam, war Mathilda. Ich finde, das passt sehr gut zu dem Reh.

Ich sah mir nun die Lichtung unter einem anderen Aspekt an. Es musste früher wohl so eine Art Begegnungsstätte gewesen sein, wo alles besprochen wurde. Ich sah ein großes Lagerfeuer und darum herum Menschen, Tiere, ja sogar Einhörner, Zentauren, usw. Irgendwie kam es mir so vor, als ob sie die nächsten Tage, die Probleme und auch die Jagd besprachen. Alles in einem sehr ruhigen und friedlichen Rahmen. Sie zelebrierten dort auch gemeinsam Heilrituale. Und anscheinend war mein Jägerfreund damals auch schon mit dabei. Das war ja wieder interessant!

Ich erzählte ihm alles, als Mathilda nun eine Essensbestellung aufgab. Sie wollte Apfelspalten haben und aus einer anderen Ecke, da stand ein jüngeres Reh, kam noch eine Bestellung für Birnen. Mein Freund lachte. Ja, er werde sie mitbringen.

Das alles war schon sehr spannend.

Kürzlich war mein Freund bei mir. Ich behandelte ihn und während der Behandlung sah ich sein momentanes Krafttier, einen Hirsch mit einem Kreuz im Geweih, und viele Rehe waren mit ihm. Als ich seine Nieren behandelte, bekam er starke Schmerzen und fragte, ob ich mit Messern in ihm drinnen herumschneiden würde. „Nein!“, sagte ich. Ich überlegte und kurz darauf war mir klar, dass da etwas aus einem anderen Leben aufgelöst wurde. So einen Fall hatte ich schon einmal gehabt. Dann ging alles sehr schnell. Ich sah ihn als Reh auf dem Boden liegen. Er war angeschossen worden, war aber noch nicht ganz tot, bzw. die Seele war noch nicht komplett draußen, als die Menschen anfingen, ihm schon die Nieren herauszuschneiden. Das spürte er jetzt noch einmal ganz deutlich!

Dann kam eine Botschaft für ihn. Seine Aufgabe lag wohl darin, den Menschen bzw. den Jägern wieder Achtung und Respekt den Tieren gegenüber beizubringen. Sie sollten das Tier, die Seele und den Sterbevorgang ehren und würdigen.

Interessanterweise erzählte mir mein Freund danach, dass er sich Tage zuvor mit einem alten, erfahrenen Jäger unterhalten hatte, der gesagt hatte, dass das Tier nach dem Schießen mindestens zehn Minuten lang in Ruhe liegen gelassen werden soll, bevor man es mitnimmt.

Das passt ja wieder alles zusammen.

Hinweis:
Wenn ein Tier geschossen wird und nicht darauf vorbereitet ist, hat die Seele Schwierigkeiten, sich vom Körper zu lösen.

Auch wenn das Gehirn seine Funktionen eingestellt hat, so sollten wir uns eines bewusst machen: Das Bewusstsein ist nicht im physischen Gehirn angelegt. Hieraus folgt, dass Tiere, genau wie die Menschen, den schrecklichen Vorgang der Organentnahme miterleben!

So viel übrigens auch zur Organspende! Darüber sollte man sich vielleicht einmal Gedanken machen. Zumal das Bewusstsein ja auch in den Organen „weiterlebt", die man eingepflanzt bekommt. Warum stößt der neue Körper das Organ ab? Warum verändern sich Menschen mit einem neuen Herzen oder mit einer neuen Niere usw.? Hat es einen Sinn, dass die Organe des Menschen versagen? Sollten wir auf Biegen und Brechen eingreifen?

Die für das Tier und den Menschen so wichtigen Phasen nach dem Tod werden unterbrochen und der Sterbende wird daran gehindert, in die Zustände nach dem Tod zu wechseln. Das wiederum kann Auswirkungen auf sein nächstes Leben haben.

Die Natur kennt keinen Tod. Es ist ein Wechsel der Bewusstseinszustände. Geburt und Wiedergeburt kennzeichnen das ewige Leben!

So, dann hat also mein Freund die Aufgabe, dafür zu sorgen, dass die Jäger wieder zum Ursprungsbewusstsein zurückgeführt werden!

DANKE!

SCHLUSSWORT

Ich hoffe, mit meinem Buch einen Beitrag dazu geleistet zu haben, dass wir Menschen endlich aufwachen.

Die Tiere helfen uns, die Welt und das Leben zu ent-schleunigen, und was machen wir Menschen? Wir werden immer schneller und schneller und fahren über alles und jeden drüber! Sowohl im Straßenverkehr als auch im zwischenmenschlichen Bereich. Die Anzahl der überfahrenen Tiere ist drastisch gestiegen, das sollte uns zu denken geben!

Tiere fühlen und leiden genauso wie wir, wenn nicht sogar noch stärker. Die meisten von ihnen haben nicht die Gelegenheit, sich mitzuteilen, denn wir gehen nicht auf sie ein. Sie leiden still vor sich hin.

Viele nehmen das auf sich, um uns beim „Bewusstseins-Aufstieg" zu helfen. Dafür haben sie Achtung, Respekt und Wertschätzung verdient.

Horsemanship Trainer Norbert Mühlbichler

Immerhin hat sich diese Seele erklärt, uns zu helfen, wobei auch immer, und vielleicht sind wir im nächsten Leben die Seele in einem Tierkörper.

Achtet und ehret die Tiere genauso, wie ihr geachtet und geehrt werden möchtet, denn ihr wisst nicht, welche Rolle ihr im nächsten Leben spielt!

Heike Maria Krzemien

Wenn man einem Tier hilft,
verändert man nicht die ganze Welt,
aber für das Tier verändert sich sofort – seine Welt!

3-Tage-Seminar „Geistige Kommunikation mit Tieren“ … für jeden erlernbar!

„Es war eine Erfahrung und ein tolles Gefühl, in die Seele der Tiere einzutauchen und den Sinn ihrer Botschaften für den Menschen (Besitzer) umzusetzen. Vielen Dank dafür!“

„… tolle Gruppe, es wurde auf jeden eingegangen, tolles Arbeiten, guter Zusammenhalt, gegenseitiges Helfen beim „Stress‘ nach Botschaft des eigenen Tieres, angenehmes Klima, nur Positives, Hilfe von allen Seiten …“

„… wahnsinnig toll, liebevoll geleitet, Heike hat uns alle geführt, hohes Einfühlungsvermögen und enormes spirituelles Wissen und Gefühl. Hat viel klargemacht, aufgelöst, viele Emotionen … Hat meine Erwartungen übertroffen. Danke, Heike!“

„Es war wunderbar, etwas über sein Tier und auch über sich selbst zu erfahren. Der Weg wurde geebnet, auch mit anderen Tieren zu kommunizieren … Danke!“

„Es war einfach so gut, dass man es kaum in Worte fassen kann, punktgenaue Treffsicherheit!“

Aktuelle Termine in
Deutschland – Österreich – Schweiz
Info und Anmeldung unter:
www.heilwissen-mensch-tier.de

2-Tage-Seminar „Messen mit der Einhandrute“ für Mensch und Tier

„…der Workshop war eine tolle Bereicherung für mich. Habe viele Informationen für und über mich erhalten und erfahren…“

„...ich finde es toll, dass man in diesem Workshop nicht nur das Messen lernt, sondern auch gleich wie man Dysbalancen energetisch behandelt. Echt Klasse…vielen Dank!....“

„…Ein sehr interessantes und vor allem brauchbares Seminar für den Alltag. Wird mit Sicherheit den weiteren Lebensablauf verändern…“

„…sehr, sehr toll! Gute Unterlagen, gutes Tempo, guter Mix aus Theorie und Praxis..“

„..war sehr lustig und sehr interessant, ich hoffe, dass noch mehr Menschen darauf kommen, mit was für Hilfsmittel wir heute so alles arbeiten können…“

„…super verständlich, gute Unterlagen, genügend Zeit, breit gefächert und toll erklärt…“

„…Gutes Preis-Leistungs-Verhältnis..“

„..ich bedanke mich für das wunderschöne, informative und lehrreiche Wochenende. Es ist sehr viel an Wissen vermittelt worden. Unglaublich wie viel man mit der Einhandrute anderen und sich selber helfen kann…“

Aktuelle Termine in
Deutschland – Österreich – Schweiz
Info und Anmeldung unter:
www.heilwissen-mensch-tier.de